U0213269

"天盾安防"系列

公民人身安全防护手册

GONGMINRENSHEN
ANQUAN
FANGHUSHOUCE

张根田◎主编

世界知识出版社

图书在版编目 CIP 数据

公民人身安全防护手册 / 张根田主编 . —北京：世界知识出版社，2014.12

（天盾安防系列）

ISBN 978-7-5012-4816-2

Ⅰ.①公… Ⅱ.①张… Ⅲ.①安全教育 - 手册 Ⅳ.①X925-62

中国版本图书馆CIP数据核字（2014）第312602 号

策划编辑	贾丽红
责任编辑	贾丽红
责任出版	赵 玥

书 名	公民人身安全防护手册 Gongmin Renshen Anquan Fanghu Shouce
主 编	张根田
出版发行	世界知识出版社
地址邮编	北京市东城区干面胡同51号（100010）
网 址	www.wap1934.com
电 话	010–65265923（发行）　010–85119023（邮购）
经 销	新华书店
印 刷	北京晨旭印刷厂
开本印张	710×1000毫米　1/16　14 印张
字 数	221 千字
版次印次	2015 年1 月第一版　2015 年1 月第一次印刷
标准书号	ISBN 978-7-5012-4816-2
定 价	38.00元

随着社会的不断发展，城市化程度不断提高，危及公民日常生活安全的因素越来越多，诸如饮食卫生安全、家庭火灾、煤气、家用电器、盗窃、诈骗、抢劫、交通安全、疾病、自然灾害等等，各种不安全事件的数目也在不断攀升。

但是，仔细剖析这些安全问题，不难发现，只要我们具备一定的安全意识，防患于未然，未雨绸缪，大部分安全问题都可以避免。即使天灾发生，如能及时正确地处理，也能减少损失，挽救生命财产。那么什么是安全意识呢？我们又该如何培养安全意识呢？

所谓安全意识，就是我们头脑中建立起来的具体活动必须安全的观念，也就是我们在具体活动中对各种各样有可能对自己、他人、集体、社会和国家造成伤害的外在环境条件的一种戒备和警觉的心理状态。安全意识属于意识的一种，是人所特有的一种对安全现实状况的高级心理反映形式。安全意识是每一个人在从事具体活动中对安全现实的认识，它与安全认识紧密联系着，其核心是安全知识，没有安全知识就谈不上安全意识。因此，强化对我们的安全教育是我们形成正确的安全意识、产生安全行为的一个重要手段。

在日常生活中，每一个社会成员都必须对自身所处的安全环境有所了解，对安全隐患有所防范和准备。每一个社会成员都必须加强日常生活安全知识的学习，学习天灾和急性安全事故发生时候的自我救助办法，识别和预防违法犯罪行为的办法。只有防患于未然，才是从容应对灾害，有效避免各类安全事故，减少意外伤害，降低安全事故。

总之，生命只有在安全中才能永葆活力，幸福只有在安全中才能永具魅力。

安全构筑了我们美好的家园，成为连接亲朋好友的纽带。在安全的问题上，来不得半点麻痹和侥幸，在安全的问题上，我们必须要防范在先、警惕在前，必须要警于思，合于规、慎于行；必须要树立高度的安全意识，人人讲安全，时时讲安全，事事讲安全；必须要筑起思想、行为和生命的安全长城。

本书从分析我国居民安全的现状、阐明对民众进行安全教育的意义入手，以防盗、防骗、居家、消防、交通、自然灾害等领域的公共安全知识为内容，为居民安全教育事业发展提供参考依据。书中大量运用了实际案例，通俗易懂，阅读趣味性强，既体现了实践性，又兼顾到应有的示范作用，对读者学习安全知识有很大帮助。

Catalogue 目录

第三章 公民安全无小事——居家安全 / 75

目录

5

第一章

别让小偷乘"虚"而入——防范盗窃

TIAN DUN AN FANG

　　盗窃，是最常见的犯罪手段之一，它直接以人们生产、生活所必需的财、物为犯罪对象，直接侵吞公私财物，在给国家、集体、人民群众的财产造成严重损失的同时，也给当地社会的和谐稳定、经济发展带来诸多的负面影响，并且严重扰乱了人民群众的正常生活。本章就介绍一些防盗窃的具体方法。

引例

2013 年 8 月 2 日，成都市武侯区红牌楼辖区一高档小区内发生入室盗窃，一名业主家中价值 270 余万元的财物被盗。9 月，两名犯罪嫌疑人被警方抓获，令人意想不到的是，这两人为了进入高档小区作案，竟然专门在小区内租了房子，先和业主做起了"邻居"。

近年来，盗窃犯罪在新的形势下呈现出一些新情况、新特点。上面的案例就是一起"新型"的入室盗窃案件。因此，针对盗窃的多样性，我们一定要掌握一些实用性的防范措施。

了解入室盗窃的规律

案例

来自黑龙江省哈尔滨市的李某是一名入室盗窃惯犯。2007 年 8 月 31 日，这个入室盗窃惯犯被宣武公安分局再次抓获。经审查，自 2006 年 8 月以来，李某由原籍地到北京流窜作案，瞄准北京的高层住宅，采用通过互联网购买的开锁作案工具，先后在北京宣武、东城、西城、朝阳、海淀、丰台等区入室盗窃作案 60 余起，窃得财物价值 30 余万元，并返回原籍进行销赃。

公安机关的办案资料显示：现年 46 岁的这名职业盗窃犯罪嫌疑人，曾在 1999 年、2002 年、2003 年、2004 年，因入室盗窃分别被北京市公安局西城、海淀、丰台等分局先后打击处理。可以说，这是个劣迹斑斑的"多进宫"累犯。

盗窃案件是指以非法占有为目的秘密窃取数额较大的公私财物或者多次盗窃公私财物的犯罪案件。在现代社会中，盗窃犯罪一直是刑事案件中占第一位的多发罪，直接影响人们日常生活，以其数量巨大成为危害社会治安的主要因素。盗窃案件的发生给社会和人民群众的财产造成一定的损失，具有较大的社会危害性。

另外，盗窃案件的种类繁多，下面我们主要介绍一下入室盗窃的基本规律：

1. 作案时间的规律性

入室盗窃案件的发案时间大体可划分为三个时间段：一是上午9点至11点，二是下午2点至4点，三是凌晨2点到4点。盗窃犯白天选择前两个时间段是抓住人们的活动规律，多数人在此期间上班或外出办事，人去屋空，作案成功率较高；选择凌晨时间作案主要是根据人们的生理特征，这期间大部分人都在睡觉，而且睡得最沉、最香，不易被发现。也有在其他时间发生入室盗窃的，但相对较少。

2. 盗窃目标的集中性

入室盗窃案件主要集中在城区的居民区，尤其是开放式的、老旧的、物业管理松散的小区。

开放式小区一般出口众多，人员出入随意且流动性大，出口四通八达，嫌疑人可以从任何通道进入小区。由于小区人员复杂，很难分辨出犯罪嫌疑人的特殊身份，给犯罪嫌疑人踩点作案提供了可乘之机。犯罪嫌疑人往往通过敲门找人或者灯光来判断室内是否有人，或者通过门边张贴的小广告、宣传手册等标志判断户主的离开时间。针对长期闲置或者等待出租的空房，犯罪嫌疑人会将室内财物洗劫一空。

老旧小区一般安防设施比较差，许多居民家中安装的都是老式栅栏防盗门。由于老式栅栏防盗门一般非钢性结构，价格比较低廉，做工比较粗糙，接合处往往留有一定缝隙，这无疑给犯罪嫌疑人留下可乘之机。虽然此类防盗门不具备防盗功能，但低廉的价格却被大多中等以下收入家庭所接受，一些户主们为了使用方便，甚至只在防盗门里层安装一层防蚊窗纱，出门时将内扇木门反锁，外扇防盗门带上则可。因此，盗窃嫌疑人只需将纱网捅破，用塑料插片或撬棍等简单工具便可将防盗门锁舌打开。

物管薄弱小区一般监控设施不到位，保安人数和质量都达不到安全标准，容易被不法分子抓住漏洞。犯罪嫌疑人作案前一般都有踩点的习惯，他们一般会特别注意小区保安，对小区保安的数量、巡守次数以及巡查规律都做到心中有数，而且一般不会选择有监控设备的场所下手。一旦发现小区保安责任心不强、经常出现漏岗或者开小差现象，他们就会大胆、连续地在该小区作案。

3. 作案手段的习惯性

入室盗窃犯作案一次就洗手不干的极少，多数都是长时间多次作案的惯犯。随着犯罪经验的不断积累，入室盗窃犯的犯罪手段也就逐步趋于成熟、固定，最终形成各自的习惯性作案手段。

具有攀爬技能的，多选择夜间作案。犯罪嫌疑人一般利用楼房墙体外的下水、暖气管道和防护栏为攀爬条件，尤其是外悬式防护栏。有的盗贼可以利用它从一层一直爬至楼顶。这类盗贼一般不携带专门作案工具，只携带手电照明，以免被夜间巡逻的人员查获。他们利用住户阳台、厨房、卫生间的窗户不关或关不实，拨窗入室盗窃，也有极少数利用工具破坏防护栏入室作案。入室后翻找衣物、橱柜，一般以盗窃现金、手机、首饰等便于拿走的物品为目标，不搬动大件物品。为了不被发现，数分钟之内如果找不到财物就会放弃，听到声响后大多会选择逃跑，甚至会从二层楼上跳下逃跑。这些人一般连续作案，一夜之间侵害多户居民，对社区安定造成较大影响。

利用撬门入室或技术开锁的盗窃，大多发生在白天，其中有的甚至配备车辆，结伙实施"搬家式"盗窃，只要是有一定价值的物品一律不放过。另外，犯罪嫌疑人原有的职业习惯、生理特征也会表现在作案过程中，并在犯罪现场留下较为明显的犯罪痕迹。

4. 作案工具的多样性

入室盗窃的作案工具多种多样，有些新工具让人意想不到。攀爬入室盗窃的犯罪嫌疑人一般就地取材，利用楼房上的某些设施为依托，自备螺丝刀、玻璃刀等小型撬压、切割工具；撬门入室的，多采用自制的撬杠、千斤顶等。技术开锁的工具也是五花八门。

5. 入室盗窃犯罪易诱发其他犯罪

一般来说，盗贼入室后找不到钱物，或是被人发现，大多数会尽快逃离，而不会对事主实施人身伤害行为。但如果逃离不成，或是发现家中只有势单力薄的老人、孩子、妇女，丧心病狂的盗贼很可能实施强奸、抢劫，甚至是杀人犯罪。

"四步"教你识别扒手

俗话说："见面三相。"即人们能从"面相"、"坐相"、"站相"得出对一个人的初步印象。尤其是"面相"（气质、谈吐、表情等），更受其文化素养、职业、工作生活环境等因素潜移默化的熏陶和影响。人们在日常生活中，常用"文质彬彬"来形容知识分子群体，用"纯洁朴实"形容农民群体，这些都较为形象地反映了该群体的特性。

扒手作为以扒窃为生的特殊群体，其行为特征也同样具有一定的规律。扒手的脸上虽然没有"小偷"二字，但只要注意观察，还是可以识别的。

第一步：看眼神

一是眼光低垂。扒手的眼睛大多时间都是朝人们的衣兜、提包上盯，很少正眼看人，尽量避免与人对视。

二是眼神飘忽不定。在扒窃现场，扒手既要寻找作案目标（特别留心外地人、妇女、中老年人），又要逃避打击，往往警觉地搜寻现场周围是否有人跟踪监视，所以他们的眼神飘忽不定，神色紧张。偶尔遇到警察，扒手的眼光中往往带着恐惧，并立即开溜躲避。有人将扒手在行窃过程中的眼神归纳为"寻找目标时眼珠四转，观察动静时侧目斜视，正在作案时双眼发直，作案得逞时余光观人"，非常恰如其分。

■ 第二步：看双手

扒手一般不带较多的行李物品，不像旅客那样大包小包。即使带有提包，也不像别人那样放在地上，而是拎在手上，放在胸前。扒手还常常手拿报纸、外衣等物品，作案时用于遮挡失主的视线和下手的部位。为便于作案，再冷的天气扒手也不会戴手套。而有时气温较高，扒手却会将手长时间放在插袋里（有的其实是"漏袋"，扒手作案时可将手从口袋里伸出去）。

■ 第三步：看举止

扒手爱在人多的地方挤来挤去，故意贴近或碰撞他人，以探寻钱包放置的部位，伺机作案。

在商店，哪节柜台前顾客多，扒手就往哪里钻。他们总是先站在离购物的人群几米远的地方观察一番，然后挤进正在选购商品的人群。有时，他们手里拿着钱往柜台边挤，但注意力根本就不在商品上。他们是一群"特殊"的顾客。

在车站，扒手一般站在乘客身后，眼睛紧盯乘客，寻找下手目标；车来了，他们挤靠过去却又不上车，或最后上车，或从前门挤上车又从后门挤下车。他们挤进这班车，抢上那班车，大都不见他们乘车而去。他们是一群"特殊"的乘客。

在汽车上，扒手习惯站在门口和过道，即使有座位他们也不坐，以便当乘客从身边经过时行窃。在汽车行驶中，扒手的身体不是随着惯性的作用晃动，而是故意逆方向将身体倒向乘客。有的女扒手故意挤在男乘客面前，大喊大叫声称被调戏，这时，其同伙一齐上来与乘客"理论"、厮打，并乘机扒窃。他们一旦扒窃得逞，往往不等车停稳便下车逃跑。

扒窃团伙会有明确分工，如望风、掩护、行窃、转移赃物等，负责掩护和下手的主要盯着事主；望风的环顾四周的情况；转移赃物的主要盯着同伙的动向。他们距离较近，相互用眼神交流，却又装着互不相识。

当扒手发现便衣民警跟踪，便做一个"八"字手势或摸一下上唇胡须，暗示同伙停止作案。

■ 第四步：听语言

扒手之间为了方便联络，常常使用"黑话"、隐语。他们把掏包称为"背壳子"、"找光阴"，他们互称"匠人"、"钳工"，把上车行窃叫"上车找光阴"、"挖光阴"，把上衣兜称"天窗"，下衣口袋称"平台"，裤兜称"地道"，把妇女的裤兜称"二夹皮"等。

"六招"让你家中不被盗

案例

2013 年 11 月 29 日上午 10:30 左右，合肥王女士正在家里的厨房洗菜，结果听到一阵敲门声，比较谨慎的王女士便先趴在猫眼里看了一下，发现是两个女的。"你好，我们是来送喜糖的，沾沾喜气……"两女子站在门外说。

"我把门打开了一条缝，然后其中一个女子就从包里拿出一包喜糖往我脸上晃，当时我感觉不对劲，哪有给人喜糖往脸上晃的，于是我就立即把门关上了。"王女士心有余悸地说，"关上门后，我就什么都不知道了。"

"本来上午是去接女儿的，后来女儿自己回来的，然后一直敲门，直到下午 1:00 左右，我才醒来，发现自己斜躺在床上。"回想起当日发生的一幕，王女士就感到后怕。

通过以上案例，我们要谨记以上门送东西为由进行行骗是骗子的一种手段，这种手法也屡见不鲜，但像王女士遇到的情况很少见，幸亏王女士留了一个心眼，及时把门关上，否则，骗子可能就会趁机入室盗窃。我们一定要提高警惕，尤其是一个人在家，千万不要给陌生人开门，以防上当受骗。

下面介绍一些家中防盗窃的"小招数"：

招数一：尽量安装防盗门和防盗网，养狗也是不错的选择

目前，农村入室被盗的事件时有发生。有些案件还伴有性侵害，大多数受害人都是一个人在家的妇女。农村有些房子是木制的大门和窗户，有些人家外出都不锁门，晚上也不关窗户，加之房屋都是单独的一层或者两层，给小偷带来了入室盗窃的机会。建议家住农村的居民有条件的尽量安装防盗铁丝网或者防盗门，特别是有留守妇女和儿童时，更要注意安全。也可以在家中大门内上方和窗户边上装几个大铃铛，一旦有人进入就会碰到铃铛，如果家里有狗也肯定会叫起来，一般小偷就会害怕逃走了。

招数二：防攀爬铁钉

居住在五楼以下的住户是夜晚最容易遭到小偷"光顾"的，因为高度相对较低，容易攀爬。住户可以将若干铁钉倒插固定在一定长度的皮条状铁皮、塑料等材料上，做成一个"防攀爬铁条"，然后用强力胶固定在围墙、窗口下沿，钉子扎手，还可以形成一道防攀爬的屏障，且不影响小区环境美观和居民视线。为防止窃贼趁人睡熟之后爬上阳台行窃，可以在护栏顶部摆放花盆，花盆间固定与灵活相结合。如果小偷冒险爬阳台翻越护栏，摆放的花盆将使其难以逾越，给住户带来安全感。还可以在阳台上安装感应灯，在临睡前打开开关，一旦有人攀爬上阳台或有声响，灯会亮起，这样可以起到震慑的作用，吓跑小偷。很多人因为夏天太热所以开窗睡觉，这其实是很不安全的，夏天可以开空调，不要为了省电而因小失大。

招数三：卧室门反锁，门上不要插钥匙

尽量将手提包、手机、手提电脑等物放到卧室内。现在很多人家为了图方便，习惯将室内各个房间的钥匙都插在门上，殊不知这也是很大的一个安全隐患。如果平时有这个习惯，夜晚睡觉的时候一定要记得把卧室门上的钥匙取下来，因为一旦有小偷进到室内，卧室是最安全的地方，一般小偷还不会大胆到去主人身边偷东西。把卧室门锁上也是十分有必要的，如果发现家里进了小偷，可以在卧室拨打报警电话，最好不要出去和小偷面对面地搏斗。

招数四：邻里守望，也就是邻居们互相照看

如今邻里之间的关系很让人尴尬，有的住户甚至住了好多年了连对门邻居都不认识，见面连招呼都不打，关上门更是两耳不闻窗外事，大大拉开了人与人之间的距离。建议大家不妨在空闲的时间串串门，互相增进了解。在出门的时候可以托邻居照看。更可以在整个单元、整幢楼或整个小区组建一个组织或协会，出资由空闲人员轮流照看。

招数五：外出时不要将家里的窗帘拉得严严实实

一般小偷在盗窃前都会踩点，观察住户一段时间，等住户不在家时进行盗窃。对于一些没有踩点的盗窃，小偷通常是通过观察来判断家里是否有人。很多人外出时会将家里的窗帘都拉得严严实实，其实这样会给小偷一个信号，就是家里没人。因此建议大家平时外出或者上班时不要将家里的窗帘全部拉上，不过窗户还是应当关紧的。

招数六：安装正规厂家的防盗门

对于大门，建议安装正规厂家生产的防盗门，最好是双锁防盗门，夜间休息或外出时，门锁最好处在反锁状态，虽然仍有可能被技术开锁等强制开锁手段破坏，但是相对木门安全很多。如果是木门，为防止坏人用插片拨开碰锁入室行窃，可将一个三角斜坡木枕顶住房门，成本低，简单易行，盗窃分子却难以得逞。或者是休息时在门背后或窗户等入口处竖立一米多高的小棒，棒顶上放置一个小不锈钢茶杯盖，只要门一开它就会自动掉在地面发出响声，就会惊醒住户了。阳台也要安装专门的防盗门或者防盗窗，以防小偷从阳台进入室内。

巧防"神偷"溜门撬锁

案例

　　西安市西郊某住宅区的刘先生就曾与一个"至少有中级锁匠水平"的窃贼来了个面对面接触。事发当天，刘先生正在家里睡觉，盗贼就自己开了锁背着挎包鬼鬼祟祟地向厨房走，发现家里有人时，窃贼竟掏出催泪喷射剂喷洒。最后，刘先生奋力将男子打走并抢下挎包。打开挎包，发现里面都是开锁工具。事后，刘先生叫来专业开锁公司修锁，令人惊讶的是窃贼的开锁工具竟然和开锁人员的工具相同。开锁人员感叹："入室盗窃的男子至少有中级锁匠水平。"

　　溜门撬锁是犯罪分子白天作案的惯用手段，但是如果晚上防范意识不强，同样会因此受害。早期的防盗门只有几颗螺丝固定门框，根本经不起撬杠的力度，一分钟就能搞定。现在，防盗门在结构及强度方面虽有很大的改进，但是，犯罪分子的开锁技术也有了提高，他们用自配的钥匙能在极短时间打开各种类型的锁。另外，随着微型切割工具的诞生，利用此类工具进入室内行窃的案例也越来越多。以下为对溜门撬锁犯罪的防范措施：

1. 插销暗锁双保险

据一个"惯偷儿"交代，打开一把锁的时间仅需要两三分钟，如果开锁时间超过 5 分钟，就会感到烦躁不安，打起退堂鼓。因此，居民家中除了要在门上安装保险锁外，还可在门的上下两端各装一个暗插销，这样即使小偷打开门锁也打不开门，延长了开锁时间，无形中会增加其心中的恐惧，放弃偷窃的念头。

2. 使用智能产品

有条件的家庭可以安装先进的智能防盗装置：

（1）安装自动报警门锁，一旦被坏人非法开启，可通过电话线向用户的呼机、手机、邻居、居委会、公安机关监控平台自动报警。

（2）窗户可安装磁控开关，一旦开窗可发出报警信号。

（3）阳台或门厅过道可安装自动红外线入侵探测器。

（4）单元住宅楼可安装楼宇对讲或可视对讲防盗系统。

（5）如社区有自动接警中心应尽快入网，在突发情况下社区保安和公安民警可及时赶到处理。花钱不多，安全到位，值得。

（6）举家旅行应安装本地报警的自动报警装置；有接警中心联网的，应在接警中心备案，请求 24 小时全天候设防。

3. 出门摆个迷魂阵

居民如果要外出，一定不要把便于携带的贵重物品和大额现金留在家中，但是最好在橱柜或抽屉里留百八十元钱。如有盗贼来了，顶多损失一点钱。倘若一点钱也找不到，盗贼就会把家翻个遍甚至会破坏家中电器，那样损失可能就更惨重。另外，平日出门时门口可放一双男鞋，将电话机话筒拿下，这可造成房子主人没走远的迹象。也可以在安装防盗门时设置门铃开关，临出门前关掉开关，以免长时间响铃暴露家中无人。

防范农村盗窃的措施

案例

　　2010 年 12 月以来，曲靖市师宗县部分乡镇陆续发生多起盗窃案，多家农户遭受巨大的经济损失。12 月 10 日 20 时许，师宗县竹基乡抵鲁村委会小龙甸村村民张某某发现家中被盗，造成损失价值16900 元。12 月 13 日 2 时许，师宗县雄壁镇长冲村委会长冲村村民郑某某于下午 14:00 时左右发现家里的一头黑色水牛被盗，损失价值6000 余元。

　　现在，部分农村对牲畜进行放养，或牲畜圈厩离住宅较远且未作加固防范，所以牲畜被盗后难以及时发现。同时，犯罪分子一般为流窜作案，案发后赃物难以追回。所以，建议广大农村群众采取以下防范措施：

　　（1）要提高防范意识，妥善管理自己的牲畜和钱物。大牲畜尽量不要随意放养，晚上要关入圈厩且采取加固圈门、上锁等措施加强防范。同时，夜间注意进行检查。大笔现金及时存放银行，不要放在家中。

　　（2）要加强邻里间的相互守望，积极组织村民分班、分期、定时巡逻，及时防范、发现问题。

　　（3）加大对不明身份人员、车辆的排查。由于大多数作案人员乘有交通工具，且作案前一般会事先踩点。广大农村群众对进村的可疑人员及车辆要及时上前询问、了解情况，必要时要及时向当地公安机关反映。

　　（4）增加法制观念，抵制违法犯罪行为。犯罪分子为及时销赃，一般会低价出售被窃而来的财物。广大农村群众发现有人以非正常低价兜售牲畜等可疑行为时，不要购买并及时向公安机关报案。

乘坐公交车时的防扒策略

案例

　　小魏出门上了一辆公交车，站在离车门最近的单座旁。那个单座上坐着一个女孩，背包背在身后靠着椅背。

　　不一会儿，过来一名身背挎包打扮斯文的青年男子。当时人不算挤，但让小魏奇怪的是，男子在那个背包女孩后面，不停往前靠。小魏起初以为他是色狼，正在想怎么提醒那个女孩的时候，忽然看到一只手，随着车子晃动慢慢地拉开了女孩的背包拉链，而钱包就在最上面。小魏一下子心跳加速，该怎么办？她朝着小偷瞪了两下，小偷也看了看她，若无其事。"哎呀，你也在这里啊！"头上快冒出汗来的小魏灵机一动，热情地跟那个陌生女孩说起话来。小偷呆了一下，那女孩也吓一跳。小魏很亲热地俯过头去，说："有人偷你包呢。"女孩子立刻将包收到胸前。那小偷到了下一站就慌忙下了车。

　　在日常生活中，乘坐公交车时丢东西，可能很多人都经历过。那么，如何才能避免呢？下面我们将介绍一些简单实用的小技巧：

1. 把握三个环节

（1）上车前

应将现金等贵重物品分放在贴身衣服的口袋中，而不是放在外裤后袋和西服下部口袋里；带包乘车，不将现金或贵重物品置于包的底部和边缘，以防扒手割包后轻易得手。

在车站，扒手往往站在乘客身后，眼睛总是贼溜溜地盯着乘客及其鼓凸的口袋和背包、拎包，搜寻下手目标。因此，乘客在候车时一定要注意不要在车站清点钞票和贵重物品。

上车前要系好衣扣，拉好拉链，并备好零钱，防止买票时掏出大额现金，暴露"财力"和放钱的部位。

（2）上、下车

扒手往往利用乘客上、下车拥挤之机，在车门附近进行扒窃。扒窃团伙盯上目标后，有的扒手在车门口或通道中阻挡目标上、下车或行进，有的扒手则从后推挤碰撞，故意制造拥挤场面，以引开事主注意力而伺机下手。因此，上下车时应自觉遵守秩序，听从司乘人员的疏导，切忌硬冲硬挤。尽量用手护住放钱的口袋，背包、拎包可揽在自己胸前、腹部或夹在腋下，同时拉好拉链、扣好搭扣。尽量不将包背放在身体的左、右两侧和后背上，不在双肩背包内放置现金及贵重物品，防止割包、掏包，甚至被扒手趁乱剪断背带后将包盗走。

（3）上车后

要尽量避开车门和通道位置，往乘客较少的中间部位移动。因为车门和通道是扒手作案的重点区域，此处便于扒手得手后迅速逃跑。

"挤"是扒手试探乘客警惕性的招法，当你感到有人无故挤靠自己或包被触及时应立即查看。

对那些手搭衣服、拿报纸或弯曲着胳膊伸过来挡住你视线的人要格外小心。因为扒手大都在上边遮挡，下边动手行窃。"挡"也是扒手重要的"试应手"之一。

对系鞋带、拾东西的人也要留神，防止扒手伸手掏摸衣服内兜。

没有座位时，不要为保持身体平衡而用双手去抓握扶手，防止包、兜失去照应而成为袭击目标。

与人面对面站着时，要注意腰间别放的手机等物，防止扒手趁刹车、转弯、颠簸、拥挤之机摘取。

有些售票员和老乘客往往对一些线路上的"扒情"比较熟悉，当他们请你往里走或"让一下"时，也许就是在提醒你注意扒手，你应该立即调换位置并注意自己的财物。

避免打盹、睡觉或长时间聊天、看书、看风景。

发现丢失财物时，应注意身边急于离开或急于下车的人员，及时通知司乘人员暂缓打开车门，或将车开往附近的公安机关，同时在车厢内查找，因为扒手为防罪行败露，有时会在失主的叫喊声中丢弃赃物。

■ 2. 守住重点部位

公交车辆上，扒手作案的手段主要有掏兜、掏包、割包及拎包等几种，易于下手的部位有裤子后兜、侧兜，上衣的下兜及女士的背包等。在上车前、上下车、上车后等三个环节都要将注意力集中在自己携带的物品上和放钱的部位，不要只顾与旁人聊天或观望窗外景色、关注停车站而放松警惕。同时要"内紧外松"，含而不露。否则，由于怕身上的钱物丢失，不停地摸、看，结果反而成了"此地无银三百两"。

■ 3. 谨防转移视线

女青年喻某因交友不慎染上了毒瘾，为了维持昂贵的吸毒开销，走上了扒窃的犯罪道路。她经常在一些专线上利用自己高挑俊俏的美色"优势"，在车内人多的地方晃来晃去。一些男子见身边有个美人儿，眼睛早就直了。乘他们注意力分散之机，喻某连施贼手。得手下车时，喻某往往还要回头对被窃者嫣然一笑，然后扬长而去。靠此"绝招"，喻某先后窃得钱物价值数万元。

除了用美色麻痹，有的扒手还常常故意制造条件，吸引、分散乘客的注意力而使同伙扒窃成功。张女士下班乘公共汽车回家，上车后不久便发现旁边一男子老是朝她笑。张女士心里挺纳闷，这人怎么一点印象也没有？好奇心驱使她忍不住又把目光投向那个男子，对方还是冲着她笑。于是，张女士极力在脑海中搜索所有熟人的模样，可就是想不起这个人是谁。她想，要么是这个男的认错了人，要么就是自己的记性太差了。车到了站，那个男子和另外一个人一块儿下了车，张女士忽然发觉自己的背包被人划开，里面的钱包不见了踪影。张女士这才恍然大悟，原来那个"笑面虎"是个"偷托"，他负责吸引张女士的注意力，为的是好让他的同伙顺利下手。

扒手的"障眼法"是多种多样的，当你在车上或其他场所遇有争吵、打架及类似情况时，对自己的钱包要多加注意。

此外，当你在车上发现扒手行窃，在不便正面较量的情况下，可智取为上，通过"打草惊蛇"、善意提醒等方式帮助正在遭受不法侵害的乘客；也可偷偷打开手机摄像头，拍下扒手的作案过程，并在第一时间向警方提供。

乘坐火车时的防扒策略

出门坐火车，如何才能够保证自己的财物不被顺手牵羊，想必是每个旅客都很关心的事情。下面介绍一些乘坐火车时的防扒策略：

1. 火车上扒窃案件的特点

（1）春运期间、节假日等，是火车上扒窃案件发案的高峰期。

（2）作案时间夜间多于白天。夜间旅客困乏，处于疲惫昏睡状态，易于失控。扒手在白天作案主要是利用旅客打盹或离座之时。

（3）作案手段主要有两种：一是挤车门。利用随身携带的包、衣服等物作掩护，趁人多拥挤的时候将上、下车的乘客挤在车门口，由同伙乘机下手。上车时，有的小偷还故意插到事主前面，"不小心"将车票或打火机掉到地下，随后连忙扒拉事主的腿，告诉其踩到他的东西了，以此吸引事主的注意力。当扒手弯腰拣东西的时候，事主往往也会顺势低头观看，同伙则伺机扒窃。二是掏兜拎包行窃。扒手上车后，一般寻找旅客较多的车厢，注意观察旅客随身携带的行李物品，伺机作案。尤其在夜间旅客熟睡时，他们就会将贼手伸向乘客腰间的手机，兜里的钱物，及行李架上的箱包。

（4）长途列车旅客成分复杂，外出旅游、经商、出差者居多，发案较多。短途列车旅客多为区间居民，扒窃案件相对较少。

（5）火车停站时作案的较多。火车停站时，旅客往往下车透透新鲜空气或透过车窗购物，加之上、下客较多时秩序易于混乱，扒手大多乘机下手。

（6）由于紧靠车门，车厢两端行李架上的行李物品易被扒手顺手牵羊。

2. 乘坐火车的防范攻略

（1）携带大额现金、贵重物品乘坐火车时，最好有两人同行；在人多拥挤、秩序混乱的情况下，大额现金最好交由乘警或其他列车人员代为保管。路途较远时，在经济条件允许的情况下，尽量购买卧铺票，因为卧铺车厢内人员流动相对较少，安全系数较大。

（2）携带两件以上的行李时，最好将行李用链条锁锁在一起。装有贵重物品的箱包应放在座位角落或视线能及的行李架上，最好用链条锁将箱包与行李架或床架等锁在一起。当发现行李架上出现与你一模一样的箱包时，应及时将你的箱包调换至适当位置，以防"调包"。

（3）不要频繁地从行李中取东西、清点钱物，尽量不让犯罪分子认清行李的主人，防止伺机作案。旅途所用的洗刷用具、水果、书刊、随身听等可事先装入方便袋放在身边。

（4）重视打开水、上厕所等几分钟间隙，现金及贵重物品随身携带，不能托付生人看管。

（5）夜晚，如有同伴应轮流休息、看护行李；没有同伴时，应将现金及贵重物品藏于贴身衣袋内，以防熟睡后被窃。在卧铺车厢入睡时，切不可将装有现金的外衣覆盖在身上。夜间列车停站时是盗窃活动的高峰期，这时你如不下车，千万不能睡觉，要看护好行李物品。另外，为防茶几上的物品被盗、抢，列车停站时，应关好车窗。

（6）旅途中，要警惕那些有意找话题、攀"老乡"、施以小恩小惠套近乎的人；切忌露财、炫耀；切忌对女性"一见钟情"而听之任之；切忌过量饮酒，防止酒后酣睡不醒；切忌吸、食陌生人提供的香烟、食品、饮料，以防犯罪分子的"迷魂药"。

（7）不将装钱的外衣挂在座位旁的衣帽钩上，防止扒手利用这一习惯，也将衣服挂在钩上，然后装作取东西乘机掏兜；同样，也不要把装有钱物的外套挂在已挂有衣服的衣帽钩上，以免被窃。

（8）临下车前半小时左右，检查一下行李物品。发现被盗，及时与乘警联系，以便采取相应措施。一般来说，发现、报告得越及时，查获的可能性就越大。

到站下车后，要防止犯罪分子以"热心人"的面目出现，以帮助拎包为名进行扒窃或抢劫。

购物时小心被盗

商业网点营业时间较长，人员较多，现金流通量大，给扒窃作案带来有利条件。扒手选择的作案地点主要有商店的金器柜、电器音响柜、化妆品柜、服装柜等高档商品专柜及一定时间内顾客较多的柜台。这些地方的顾客一般携有大额现金，注意力又往往集中在挑选商品上，扒手下手的"命中率"较高。

商场购物的防范攻略：

（1）酒后不宜携款购买贵重物品。

（2）购买贵重物品前可暂不带钱，空着手多跑几个商场看看行情，进行比较，待初步选定后，再备钱前往购买。这样可避免带着现金到处转的情形，减少失窃的几率。

（3）购物时，有条件的应尽量使用银行卡。

（4）携带大额现金购物时，最好乘坐出租汽车，并由亲友陪同前往。要注意记清出租车的车牌号并索要发票，当不慎将钱物丢在车上时便于查找。

（5）可将现金分开存放于贴身衣袋和小提包内，走在街上或选购物品时，不要走几步就摸一摸钱袋。"露财"会给扒手踩点提供方便。

（6）尽量不到拥挤的地方购物，尽量不让陌生人紧靠自己。

（7）购物时要全神贯注，携带大额现金时应由一人重点守护，另一个选购、调试。一人购物时，可将拎包、背包抱在胸前，千万别将拎包等物放在一旁，防止被拎包、割包。对用力挤来又退回、刚站稳又忽然离开、手里拿着钱却不买东西、眼睛斜视他人提包的人应特别警惕。

（8）夜晚购物遇到商场突然停电的情况时，要护好现金、提包并迅速撤离，防止被盗或被抢。

（9）在商店挑选、试穿衣服时，应将自己的提包及脱下的衣服带到试衣间，不要随意摆放。防止盗贼以试衣为名，将脱下的衣服覆盖在你的衣服上，乘机行窃。

（10）冬季逛商场要小心扒手在厚厚的门帘下藏贼手。在冬季的北方城市，商场各个大门都挂上了厚厚的门帘，顾客在掀开门帘时，眼睛大多朝店内看，一般顾不上看包，这正是扒手下手的好时机。因此，逛商场掀门帘时，一定要注意自己随身携带的提包。

（11）庙会、集市以销售小商品为主，且人多拥挤，扒手作案后钻入人群，很容易逃匿。所以，逛庙会、集市时携带少量现金即可，女士最好摘下金项链、金耳环，防止被拉拽、刀剪。

须做提醒的是，到超市购物时，不能将现金和贵重物品放在包中一起寄存，以防工作人员因操作失误而造成错发的后果。因为顾客在寄存物品时，除领取取物牌外，一般不作物品登记，一旦出现错发情况，顾客无法举证包内物品的种类和数量，即使官司打到法院，超市也只负一般的赔偿责任。

特殊场合防盗窃

为了更好地防范盗窃，在掌握了盗窃的一些基本知识和防盗技能之后，我们还需要具备一些特殊场合防范盗窃的意识。

第一，观看电影、体育比赛及欣赏音乐会等，要防止将所携物品遗忘在影剧院及体育场、馆内。据某电影院统计，在短短的两个多月时间里，该院就捡到手机 16 部、人民币 6 万余元，各种银行卡、电话卡等百余张。

影剧院和体育场（馆）盗案的发案地点多为售票处和出入口，尤其是散场时，出口处较为拥挤，不少观众仍在回味剧情，或沉浸在比赛的氛围中，有的在交流观感，余兴未尽，思想较为松懈，一些窃贼正好乘机下手。

国际比赛时，小偷更是云集如林。据报道，1998 年法国世界杯足球赛开幕后的一个月时间内，共计有近 40 名国际小偷被警方抓获。这 40 名国际小偷主要是掏包者，他们在世界杯前专程赶往法国，准备在世界杯期间一展身手，大发一笔。

第二，旅游景点也需防扒手。扒手在旅游景点的作案方式主要有掏兜、拎包。据某旅游景区公安派出所对发生的 119 起拎包案件分析：景点拎包 28 起，饭店拎包 41 起，商场拎包 38 起，以上三类案件共 107 起，占拎包案件总数的 90%。

因此，当你在排队买票、等待时，当你沉醉在美丽的风光，观赏、照相时，当你购买纪念品、土特产及就餐时，都要注意保管好随身携带的现金和贵重物品。

随团旅游的，要紧跟团队，避免单独活动，更不要在深夜单独外出；自助游的，也要时刻注意身边的可疑迹象。另外，外出旅游，应尽量使用银行卡，途中身边携带少量现金即可。

第三，如厕时，最好选择人多、光线明亮的公共厕所。尤其是晚间，应尽量避开偏僻、光线昏暗的公厕。入厕时，要注意观察厕所内人员的情况，发现异常及时退出。蹲坑时，应将提包、公文包等放置于膝上，再用双臂护住。不可将物品置于隔挡墙上，防止盗窃和抢夺（劫）。蹲位如有挡门时，应插好内插销。携带旅行包等较大物品如厕时，最好选择收费公厕，交服务员代为保管。两人以上外出时，可轮流如厕。

看好你的自行车

我国素有"自行车王国"之称，自行车是目前我国公民使用率最高、覆盖面最广的交通工具。而在世界范围，由于环境、节能以及人们健身休闲的需要，一些发达国家正在积极采取措施，大力倡导使用自行车。可以说，自行车作为代步、运输、健身、娱乐等多功能产品并不会因社会进步、科技发达、经济发展而被淘汰。

多年来，我国自行车被盗案件一直十分突出，是长期困扰政府和百姓的老大难问题。目前，随着电动自行车越来越普及，很多盗贼已将眼光瞄向价格更贵、销路更畅的电动车及电瓶。

车主作为自行车的所有者、使用者和保管者，是自行车防盗的主体，自身加强防范尤为重要。

1. 选购自行车及锁具

尽量购买商家推出的有"失窃保险"的自行车，一旦失窃，可最大限度地减少损失；尽量购买材质坚牢、防盗性能好、锁眼为环形或弧形的锁具。自己看中的自行车如果锁具的防盗性能较差，可另换较为坚固的锁具，以提高防撬盗性能。当自行车锁具失灵、损坏时，应及时修理或更换。

2.购车后及时登记入户

购买新车后应及时、主动到车管部门或派出所登记入户，申领车牌。一旦失窃，便于公安机关查获和退还。事实上，一些老到的窃车贼总是习惯于将眼光盯在未领牌照的自行车上，因为这既便于其销赃，同时即使被查，由于难以找到车主，车子是否失窃难以验证，也便于其逃避打击。

3.正确使用、停放

（1）外出办事停放自行车时一定要上锁并拔下钥匙，切不可以为视线能及或离车时间短而心存侥幸，因为丢车往往就在一瞬间。除锁好车锁，还可在车轮上外加一把锁，以增加偷盗难度。因为，小偷选择自行车，几乎都是没有上车轮锁的。

切记：不要怕麻烦，要知道这时候"麻烦等于安全"。

（2）尽量将自行车停放在有专人看管的场所，并索要存车凭证，不要怕麻烦或为了省几角钱而随意停放。有的人为了"保险"起见，将车停放在人流较少或无人涉足的偏僻处所，其实这是最不保险的做法，因为这样正好给窃车贼提供了下手的环境条件。如果找不到专人看管的停车场，请尽量停放在银行或商场门口，因为这些部位有保安守护，监控设施齐备，小偷一般不敢轻易作案。

行之有效的车辆防盗法

据公安部门统计，近年来，涉车犯罪逐渐向集团化、职业化、暴力化方向发展，全国被盗（抢）汽车案以 20% 的速度上升。近 5 年，全国被盗（抢）汽车超过 10 万辆，每天平均 50 多辆汽车被盗抢。

机动车防盗已成为世界性的难题。早在 1987 年，美国雪佛莱公司和庞蒂艾克公司分别在卡马轿车和火鸟车上装配了一种自动防盗系统，只要拔出启动钥匙，就能使燃油泵和启动机失去功能，结果使这两款车的失窃率减少了 1/3。

意大利人洛弗雷多于 1999 年 10 月发明了一种可大大减少摩托车交通事故伤亡人数及防盗窃的装置，将这种装置装到摩托车上后，骑车人如果不戴头盔，摩托车就不能点火启动。这一装置虽然只有一盒香烟那么大，但十分灵敏，可自动跟踪监视骑车者的安全。如果骑车者在行驶途中将头盔摘下，那么摩托车最多只能再行驶两分钟就会熄火停下。据称这一装置可用于任何两轮、三轮机动车辆，可起到防盗作用。如果驾驶者使用的不是车主的头盔，那么摩托车就无法点火启动。

美国芝加哥人陶里·隆利斯发明了一种非常有效的汽车安全车锁。这种锁被称为"连结锁"，它是把刹车掣锁牢，除非窃贼把连接刹车掣的管子割断，否则就无法将车子开动。而一旦刹车掣被破坏，车子就无法煞住，窃贼自然不敢开动。此发明已获专利。

作为车主，掌握一些防范知识也会大大有助于保护自己的汽车。下面是一些行之有效的方法：

（1）及时购买防盗保险，一旦被盗，可以得到赔偿，减少损失。

（2）在公共场所，应尽量停放在有人看护的停车场。回家后，将车停入车库或锁闭的院子里。夜间室外停车，要选择亮堂的地方，不要停在黑暗偏僻处。

（3）汽车停车时，要把前轮转至向右或向左急转弯的状态，用上紧急刹车闸，让变速器处于低档或停车位置，4个车轮要全部制动，使窃贼难以将车拖走。

（4）停车后要取下钥匙，关好车窗。据统计，美国失窃的汽车中有13%钥匙留在了点火器上；摩托车熄灭后除要取下钥匙外，还要锁好龙头锁，或在车轮上加上不易撬开、不易钳断的防盗锁，防止被盗贼推离现场。

（5）使用遥控器锁门时，要防止犯罪分子使用电子干扰器进行恶意干扰，拦截遥控器发出的锁车信号。因此在锁门后，一定要再拉一拉车门，确认已经锁牢。发现电子锁具异常时，要及时改用手动锁。

（6）开车去公共场所时，勿将车交由他人代泊，那样很容易让盗贼乘机配制车钥匙。

（7）保管好汽车的备用钥匙。别把备用钥匙放在车里，不管是车内什么地方，盗贼都会找到；即使放在家里，也要放在外人不易发现的部位。某地的农村地区就曾发生过数起盗贼入室盗窃发现车主的钥匙，将停在事主家门口的汽车盗走的案件。

（8）司机暂时离开汽车，尽管时间很短，也要注意锁好车门，关好车窗玻璃。

（9）自己动手或到可靠的车行，在车身上安装油电路暗开关，目的是使汽车切断火线，电油泵停止工作；使摩托车切断点火线路，控制单极火线，让盗车贼难以下手。从发生的盗窃机动车案件看，极少有安装并使用油电路暗开关的车辆被盗的情况，说明这种方法是目前最有效的防盗方法之一。

（10）安装汽车防盗器、方向盘锁或挡杆锁，已成为车主采取防盗措施的重要手段。目前市场上的汽车防盗器，大部分为无线遥控防盗器，当防盗器处于工作状态时，它会感应车身的震动，当震动达到一定程度时，防盗器就会报警。如果窃贼仍有进一步的举动，直至坐进驾驶室，试图发动汽车，防盗器就会切断车内的电源使车无法启动。防盗器是否处于工作状态，是由车主手中的遥控器操纵的。

（11）停车时拔掉高压线、切断汽车的点火装置，可有效防范窃贼惯用的"搭线"（连接点火线）和用相仿钥匙捅开点火开关的手段作案。

（12）平时，应注意保存车架号、发动机号等车辆信息。机动车失窃后应及时报案，以便公安机关迅速将失窃车辆的有关资料输入案件信息系统，以便联网比对、查询，及时破案。

网络账号防盗对策

现在，网络已经走进了千家万户。为上网方便快捷，我们每个人都有各种各样的网络账号，但是网络账号经常被盗却成为我们生活中的一大烦恼。那么，在网络中，我们该如何保障自己的账号安全呢？

（1）将自己的操作系统以及常用的应用软件更新到最新的版本。对自己的电脑系统进行检查，及时修补漏洞，使用 Windows 系统自带的 Update 功能，或者给安全工具尽快安装上最新的补丁。在控制面板中选择"管理工具"中的"计算机管理"项，在其中的"共享文件夹"选项中关闭系统默认的共享功能，这样也可以有效防范黑客的侵扰。

（2）安装最新版本的杀毒软件。这些杀毒软件除了具有基本的杀毒功能，还具有主动防御的功能。打开杀毒软件的网页木马防护功能，比如金山清理专家中的"网页防挂马"功能，点击其中的"安装并开启"按钮来进行激活。以后当系统遇到网页木马的时候，程序就会自动弹出一个窗口来提示用户注意。

（3）为了防止黑客通过端口入侵获得密码，需要通过"防火墙"将常见的高危端口封堵。常见的高危端口包括 135、139、445 等，常见的"防火墙"包括"金山网镖"、"瑞星防火墙"、"天网防火墙"等。以免费的"Outpost. 防火墙"为例，安装"防火墙"后，当第一次使用某个需要链接网络的程序时，防火墙就会弹出对话框。

（4）养成良好的安全习惯，无论从任何网站下载的文件都需要经过杀毒处理后再进行使用。无论是电子邮件还是即时通信软件收到的网址，都不要轻易点击打开。尤其不要为了想迅速提高自己的游戏级别，安装某些外挂程序，因为这些程序往往本身就含有或捆绑了木马后门。此外，如果用户是在网吧等公共场合的计算机系统里进行的 QQ 操作，在退出以后好重新设置登录密码，并且在登录窗口中的"QQ 号码"列表中，找到自己的号码后点击"清除记录"按钮。

（5）使用账号保护工具是一个不错的方法，如"江民密保"、"瑞星保险柜"、"360 保险箱"等，它们采用了多种保护账号的技术，如自动屏蔽盗号木马、摘除恶意钩子程序、反 DLL 注入、防内存窜改等，防盗号效果较好。

（6）上网时，为避免感染病毒，要洁身自好，不浏览黄色网站和一些不明来历的网站。在心理上"经得起诱惑，耐得住寂寞"，这是防范网络盗号的最好方法。

（7）不要将你的网络账号、密码以电子文档方式储存在你的电脑或电子邮箱中。

（8）反常规输入账号和密码。读取键盘输入是不法分子盗取账号和密码的主要手段，而一般的木马和病毒程序无法读取鼠标的点击位置，因此我们可以使用软键盘进行鼠标指点式的输入，这样不法分子就无法读取到正确的账号和密码。无法使用软键盘时，我们还可以利用反常规的办法：通常，我们输入账号和密码时会顺序输入，而如果打乱输入的顺序，就可以保证即使某些人读到了这些信息，也无法判断哪些是账号哪些是密码；还有更极端的是在输入账号和密码的时候在其他位置输入一些无关的字符，甚至使用粘贴的方式进行账号和密码的输入。此外，访问网站时最好直接输入网址，不采用超级链接方式间接访问。

（9）谨记不要随便泄露自己的 MSN、QQ 账号和密码，除了在 MSN、QQ 登录的时候需要用到密码以外，其他网站或个人都没有权力要求你填写账号或密码。

网银账号防盗对策

随着网上购物、炒汇、转账、证券信息查询等网上银行业务的增加，人们足不出户就能办理银行业务，但也不免担心网上银行密码被盗走的问题。要想防止网银被盗，可以从以下方面入手。

（1）安装保险"锁"。网络银行目前主要有电子银行口令卡和U盾两种保护方式。口令卡的使用方法和游戏密保卡使用方法一样，可以到银行柜台进行购买和捆绑。这样每次登录网络银行的时候，就会要求输入密保卡矩阵中的一个数字。

但是由于密保卡中的数字非常有限，因此最为保险的措施是使用U盾。用户只需要携带有效证件和注册网上银行时使用的银行卡，就可以到营业厅申请开通U盾服务。

申请U盾后，需将个人证书立即下载到U盾中，不然这个U盾和普通的U盘没有任何区别。可以委托银行人员下载，也可以自己登录银行个人网上银行，点击"U盾管理"后选择"U盾自助下载"，完成证书信息下载。

（2）安装"报警器"。银行的手机短信提醒服务就是一个相当不错的账户"报警器"，比如工商银行的"余额变动提醒"服务，只要通过个人网银、电话银行或营业网点等渠道定制该项服务，今后无论存款取款、转账汇款、刷卡消费还是投资理财，只要账户资金发生变动，就可以在第一时间收到银行的手机短信提醒，从而随时掌握自己账户资金的变动情况，一有异动，立刻觉察。

（3）重视密码设置。

（4）最好不在公共场所（如网吧、公共图书馆等）使用网上银行。

（5）登录网上银行时，开启杀毒软件的病毒实时监控功能，防止木马病毒；关闭 QQ 等即时聊天工具，防止被远程遥控和远程窥看；尽可能拒绝一些商务网站上的各种插件，防止恶意网站窃取你的网络银行信息。

（6）登录网银时，要注意银行的网址有无改变，防范钓鱼网站；要注意"上一次登录时间"的提示，查看最近的登录时间，从而确定网上银行账户是否被非法登录过。如果发现账户被非法登录或资金被盗用，要及时通过网上或电话等快捷方式，对注册卡以及相关账户进行临时挂失，并尽快到营业网点办理书面挂失手续，确保账户资金安全。

（7）收到各种涉及你的网银账户的电子邮件和信息提示时，千万不要轻易激活和验证，如果你觉得不放心，可以拨打银行的客服电话咨询。银行的客服电话只有一个，当有信息告诉你与此不同的银行客服电话号码时，请注意识别真假。

（8）进行交易时，尽可能使用安全级别较高的 Usbkey，并限制无 Usbkey 情况下的交易额度或禁止无 Usbkey 情况下的交易。由于面对远程遥控和黑客破解，Usbkey 依然具有防范漏洞，因此，建议在支付一刻将 Usbkey 插上电脑，支付结束后立即拔下，这对网银账户的安全绝对有益。

（9）输入的交易信息必须准确无误，在办理资金转账、网上汇款等自助业务时，一定要对汇入账号、户名、金额等信息进行认真校对，并且注意数字中不能有或空格，以免出现错误。网上银行使用完毕后，千万要注意点击"退出登录"选项。对利用网银办理的转账和支付等业务，要随时做好记录，定期查看"历史交易明细"等选项，或持交易记录号到网点打印网上银行交易对账单，以便能及时发现因网络故障、操作失误等原因造成的账务差错。

第二章

谨防不法侵害——防抢防骗

TIAN DUN AN FANG

在生活中，诸如街头抢劫、敲诈勒索、绑架等非法侵害人身安全的事件时有发生，这些伤害事件给广大人民群众的工作、生活带来了很大的负面影响。因此，掌握一些防抢防骗的应急知识非常必要。

引例

　　一日上午9时许，犯罪嫌疑人高某、高某某各自携带一把尖刀，窜至某花园小区，步入电梯随意选择至7楼。当两人下电梯时，迎面遇见走进电梯的居民杨某（女，54岁）乘电梯下楼。他们分析，杨某身穿睡衣睡裤，估计是临时出门，不多时就会返回家中，两人决定抢劫杨某家，并在7楼的楼道门后等候。过了半小时左右，杨某果然乘电梯返回7楼。杨某走下电梯后，走向楼道门对面的一个房间，掏钥匙开门时，高某、高某某持刀上前，挟持杨某闯入房内，采用捆绑、堵嘴、扼颈的手段，致杨某机械性窒息死亡，并劫取人民币1300余元及项链、戒指等物。

　　通过上述案例，我们发现违法犯罪案件随时都在我们的身边发生着。因此，认识违法犯罪行为的特点规律，掌握一定的安全防范知识和方法，有效地防止不被违法犯罪行为侵害，是非常必要的。

小心"色诱"抢劫

案例

　　余某某、佘某和崔某某等3男5女分别来自黑龙江和辽宁，他们相约来到苏州。为了轻松赚钱，他们开始动歪脑筋，让女友充当卖淫女勾引嫖客，将受害人骗到租房后进行抢劫。

　　一夜，经事先预谋分工后，杨某、张某、刘某以色相勾引将2名受害人骗到由潘某出面承租的私房。途中，杨某将情况电话通知潘某，再由潘某转告佘某某、佘某和崔某某。当杨某等人带着受害人进入私房后不久，佘、崔3人即手持木棍、砖块闯进房间，大喊"玩我女朋友"，对受害人进行威胁，抢走1100元现金和两部手机，合计价值2630元。

　　此后几天，该团伙如法炮制，分别对4人实施抢劫，期间遭反抗时，用刀将其中3人砍伤，又劫得人民币2100余元和4部手机，合计价值5500余元。

　　上述案例属于典型的"色诱"抢劫。"色诱"抢劫是指犯罪嫌疑人以异性色情引诱为手段，劫取事主财物的犯罪案件。此类案件的受害者绝大多数为男性人员。近年来，在一些地区该类案件呈上升趋势，造成了极坏的影响，尤其是涉外"色诱"抢劫犯罪案件，不仅影响城市的社会治安状况，还影响了投资环境和国家形象。

1. 色诱抢劫案件的特点

（1）作案方式的连贯性

犯罪嫌疑人引诱至事先预设的地点，然后再实施抢劫。其中一种是以强抢方式进行：一般由一名或多名女子以性交易、按摩为由将受害人引诱至出租屋、酒店或者偏僻地段，由事先埋伏的男性同伙冲入现场，使用刀、棍等工具威胁并殴打被害人，或使用透明胶、绳子等物捆绑，或冒充警察查案，抢走被害人身上的现金、手机、银行卡及停放的车辆；部分犯罪嫌疑人逼迫受害人说出银行卡密码或者威胁受害人家属向银行卡存钱。另一种是以麻醉方式进行：一般由一名女子将被害人带到出租屋、酒店等地点后，让其吸食含有麻醉药物的饮料或者食品，待受害人昏迷后实施抢劫。

（2）侵害目标的特定性

一般的抢劫案件，受害者大多是不特定的对象。"色诱"抢劫案件则不同，被侵害目标多数具有特定性：以单身男性为主，大多生活作风不检点、有嫖娼意图。此类人员多为在外出差、经商的生意人。

（3）选择地点的复杂性

一是引诱地点的公开性。犯罪嫌疑人多选择在歌舞厅、酒店、酒吧、发廊、公园、电影院、车站码头及繁华的商业区路口进行色情引诱。二是抢劫地点的隐蔽性、复杂性。此类案件大多发生在犯罪嫌疑人预先租住的出租屋内，且这些出租屋一般选择在人群较复杂的区域，具有一定的隐蔽性，其中以城中村，城乡结合部等地为主。此外，犯罪嫌疑人还常选择在宾馆、饭店、电影院或偏僻的街巷作案。

（4）作案主体的团伙性

此类案件犯罪主体比较特殊，多为男女搭档，分工合作结伙作案。年轻有姿色的女性成员一般负责引诱受害人，男性成员则以暴力实施抢劫。由于实施犯罪的需要，此类案件的作案人数以 3 至 6 人居多，有的甚至多达 10 余人，团伙成员多以老乡、亲友为纽带，关系较为稳定紧密。

（5）作案时间的集中性

案件的高发时段一般是晚上 7 时到次日凌晨。

（6）犯罪活动的暴力性

犯罪嫌疑人多使用刀、棍等工具威胁并殴打受害人，并用透明胶、绳子等物捆绑被害人，甚至致人死亡。以麻醉方式进行作案的，若超剂量使用麻醉药物，也容易导致受害人死亡。

2. 色诱抢劫防范攻略

预防色诱抢劫的总体原则是洁身自好，不要"见色起意"。

第一，远离情色女子。不要将其带到自己的住所或随其前往暂住地、宾馆及野外偏僻处。

第二，在茶楼、咖啡厅等地，对主动搭讪、献殷勤的陌生女子要格外小心，不要吸、食她们提供的香烟、饮料、食品，可以用"我不喜欢这个"等婉言拒绝。

第三，夜间在宾馆接到"特殊服务"电话应果断拒绝；遇到陌生女子主动打招呼、抛媚眼，不要随意答理。

犯罪嫌疑人为麻痹受害者，勾引手段层出不穷。有时，其抛出的"诱饵"不一定是打扮入时袒胸露背的妖艳女子，也可能是装扮成经济急需的可怜女孩，对方往往先是与你套近乎，讲述其不幸遭遇或经历，赢得你的同情、怜悯，使你淡化道德和法律上的负疚感，从而在"行善"与"违法"的行为冲突中半推半就地钻入其设置的圈套。

第四，遭到色情引诱而被劫后应及时报警，不要为了顾及面子、名声而忍气吞声，让犯罪嫌疑人继续为非作歹。

地下通道与过街天桥上如何防抢

　　地下通道内昏暗、偏僻，过街天桥行人稀少，因此近年来，这两种地方成为抢劫案件的多发地。

　　先说桥上。晚上，特别是冬天的晚上，过街天桥上的行人很少，而且天桥下灯光黑暗，是抢劫案易发地段。

　　再说桥下。到了晚上，尽管路灯会把主路照得很亮，但辅路上就黯淡多了。犯罪分子会埋伏在桥下或周围的灌木丛中，等待桥上的"猎物"出现。从已经发生的案件来看，交界地段、城乡结合部是此类案件的多发地段，位于这些地段的居民们在日常生活中应提高防范意识。

　　凡经过一些特殊地段——较偏僻或在某些时段人少的过街天桥或地下通道时应格外小心，因为这些地方往往是犯罪分子们乐于光顾的"点"。那么，在经过地下通道与天桥时如何防抢呢？

　　（1）尽量避免在夜间单独路过这两种地方，如果必须路过，也应该结伴同行或者与正要路过的路人一同通过。

　　（2）路过地下通道和过街天桥时，要注意以下几点：

　　①尽量不要打手机或者看报纸、杂志，因为那样会分散对周围环境的注意力。再者，劫匪看到拨打手机的路人会以为有利可图而将其当做首选对象。

　　②通过地下通道时，要注意防范罪犯从身后或者旁边的阴暗处袭击，因此要注意周边情况并迅速通过。晚上过天桥前要仔细观察周围的情况，如果桥上人少或有长时间逗留的男子，最好不要上去，等着与其他人结伴同行，或者多走点路，

从人多的地方穿过马路。

③面对劫匪要冷静，如果对方人少而自己又年轻力壮，就可以与之展开坚决的斗争，同时要大声呼喊求援；如果对方人多势众，仅仅是为了抢钱，可以将钱交给他们，但要记住他们的体貌特征，并迅速拨打110报案。

如何应对"飞抢"党

　　某日上午9时许，张女士用挂绳将手机挂在脖子上，在街头行走时，突然过来一名歹徒抢夺手机。在争夺过程中，该女子突然晕倒在地，歹徒逃之夭夭。据120急救人员介绍，人的颈部有主动脉，被绳索勒住后，会造成大脑缺血而窒息，时间长了会有生命危险。

　　由于"飞抢"事件在各地给被害人的人身及财产造成了很大伤害，所以我们要学会采取适当的防卫措施，才能防止飞车抢夺带来的不法侵害：

　　第一招：飞车抢夺的目标，多是外露的财物，因此，上街携带拎包、挎包时，包内尽量不放大额现金、贵重物品。现金可放在内衣口袋或插袋中。不将拎包等放在未封闭的自行车篮里。

　　在夏季，人们衣着单薄，佩戴的手机、金银首饰外露，抢夺手机和金银首饰案件呈高发态势。因此在外出时，手机、项链尽量不要暴露在外。

　　还有，一些年轻女性喜欢将手机挂在脖子上，这是不安全的做法。手机外露，一旦遭抢时还容易发生生命危险。

　　第二招：犯罪嫌疑人为了便于作案和逃跑，大多在宽阔、交通畅通路段飞车抢夺，因此，当骑自行车或步行时，要遵守交通规则，走自行车道或人行道，尽量靠在道路的内（右）侧，将包带缠绕在自行车右侧龙头上，或将包拎在右手上，以此缩减抢夺作案的空间条件。

第三招：要充分发挥摩托车、电动自行车工具箱的储藏功能。有人在自行车车篮上加装盖子的做法，就是一种智慧的创意。外出时，将包放在车篮内，在盖子上再加一把锁，也挺安全的。

第四招：到银行取款或携带大额现金、贵重物品外出时，应尽量乘坐专车或出租车，并有人陪伴。

第五招：在街头，如发现两人合骑一辆无牌摩托车在周围游荡，应予防备；如果发现对方尾随或无缘无故靠近时，要保护好暴露在外的拎包等物品，及时避让并视情报警。

第六招：一旦遭受飞车抢夺的侵害，不要惊慌失措，在保证自身安全的同时，要注意犯罪嫌疑人的体貌特征和摩托车的型号及牌照等特征，观察犯罪嫌疑人的逃窜方向及路线，尽快拨打110或向附近的交、巡警报警。积极提供相关线索，为民警第一时间追堵犯罪嫌疑人提供有利条件。

此外，外出骑车时，要防范"掼钢丝（布条）"抢包作案。从已破案件看，作案人多为聋哑人。当你突遇异物"卡车"的情况时，应在刹车的同时，从车篮中、龙头上取出（下）提包等物，并观察周围有无可疑人员，然后检查车轮状况，排除障碍。一旦发现可疑人员要及时报警，或呼喊周围群众协助抓获犯罪嫌疑人。

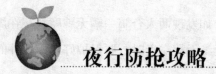

夜行防抢攻略

案例

　　深圳警方曾经查获一名抢劫犯罪嫌疑人徐某。21岁的徐某虽然只有高中文化，但却潜心研究"抢术"，并绘制了一张关于抢劫的函数曲线图。他以时间为X轴、单身女人出现概率为Y轴，由此来计算或推导自己抢劫的成功概率，并针对各种情况定下相应的应对措施。此外，对自己准备作案前的心理及作案手段、方式都作了细致的总结，真可谓煞费苦心。

　　在生活中，很多抢劫犯把"目光"放在了夜间单独外出的女性身上。常常尾随至偏僻的地方时实施抢劫。那么，当我们夜间外出时该如何防抢呢？

　　（1）尽量避免深夜单独外出或去偏僻的山林野地、建筑工地、江边河滨等地段。夜间上、下班或外出的女性，应尽量结伴而行或由亲友陪同、接送。

　　（2）女性应避免穿鞋跟太高太细的鞋、紧身的裤装及过窄的裙子，否则在遇袭时不便逃跑。

　　（3）在包中装一瓶辣椒水或带喷头的发胶，关键时用于自卫。

　　（4）女性夜间外出，应事先告诉家人或朋友自己的去向以及何时回来。此外，一定要保持手机联络的畅通。

　　（5）在市区骑车或步行时，尽量选择灯光明亮、行人和车辆较多的路段，切忌为抄近路而走偏僻、光线昏暗的路段。

（6）不将手机挂在胸前，不将挎包放在未封闭的自行车篮内，远离机动车道，走在自行车道或人行道右侧，将挎包背在右肩上，以防飞车抢夺。

（7）年轻女性遇有陌生男子问路、问人时，不必太过热情为其带路或寻找。行走时，与陌生男子保持必要的安全距离。

（8）时刻注意周围动静，不要边走路边打电话或欣赏音乐——打电话会引起歹徒的注意，而欣赏音乐则会分散自己的注意力。

（9）在偏僻路段，发现前方路边停有摩托车或自行车、站有可疑人员时，应提高警惕，或走岔道回避，或掉头返回。如果有出租车过来，可立即"打的"，也可以向来往车辆求援。

（10）不要随意搭乘陌生人的便车，不与陌生人合伙乘坐出租车。乘坐出租车时，要留意车辆标志、车牌号码及司机的姓名、体貌特征，避免乘坐无照经营的黑车。夜深人静时，如果感到害怕，尽量请出租车司机目送你回家后再离开。

（11）男士遇有陌生女子引诱、挑逗或邀请到某个地方约会时，切莫随意跟着走，防止被色情抢劫。

（12）途中，尽量不要进行 ATM 机取款操作；进出银行时，注意身后及周围有无可疑人员尾随、盯梢或隐藏。

（13）快到家门口时，留意一下周围的情况，不要让歹徒尾随入室。如有可能，打电话通知家人接应。

（14）遭遇抢劫时，要保持冷静，此时确保人身安全是第一位的，如果周围行人稀少，尽量不要呼救，防止歹徒行凶伤人；应尽可能与歹徒周旋、搭讪，拖延时间，可采取默认的方式按歹徒要求交出部分财物，使作案人放松警惕，同时准确记下其特征，然后瞄准时机向过往车辆或行人大声呼救，逃脱魔爪。在周围人员较多的情况下，一定要大声呼救，以引起人们的注意，同时起到威慑歹徒的作用。

楼道里防抢攻略

如今，实施抢劫的犯罪分子不仅手段繁多，而且实施抢劫的地点也在不断扩大，其中最明目张胆的就属楼道抢劫。在日常生活中，我们该如何防范楼道里的"黑爪"呢？

（1）天黑回家，可在回家前打个电话，让家人提前下楼接应，以降低被抢风险，提高安全系数。

（2）当上电梯时，发现旁边有陌生男子，在没有充分把握的情况下，最好不要与此人共同使用电梯。

（3）养成进入楼道之前观察四周的习惯，多留意楼道附近有无陌生人，身后有无陌生人尾随跟踪。如发现可疑人，要尽量往人多亮处走，或及时与家人联系，让家人出来接应。

（4）经常在夜晚回家的女性，应配备手电筒并随身携带，进入前向身后及楼道进行探照，观察有无"尾巴"，有无陌生人。手电还可以起到震慑作用，使犯罪嫌疑人认为事主是有戒备心理的，有时会放弃作案。万一遇袭，可用手电照射歹徒眼睛，使其暂时眼花，自己可趁机快速逃脱；铁壳或者塑料外壳的手电筒也可用做自卫反击的工具。

（5）进入楼道前，要注意"三不"：一是不听"随身听"，不思考问题，当陶醉在音乐声中或沉浸在思考中时，容易放松警惕；二是不埋头找钥匙，分散注意力；三是不与陌生人同进楼道，防止对方突然袭击。

（6）随身携带辣椒水喷雾器等防身物品。

（7）加强邻里守望。俗话说"远亲不如近邻"，每个家庭都是居民区的一分子，邻里之间要互相照应，尤其是男性居民，发现在居民楼附近徘徊、转悠的陌生人员时，要密切注意其动向，必要时可以主动询问，核实情况。

此外，住宅开发公司、物业公司要强化居民小区的安全防范措施，加大相关硬件、软件设施的投入。一是在小区出入口等部位安装监控探头等设施；二是安装楼宇防盗门、楼道声控灯等设施；三是保安人员在值勤过程中要加强巡逻、盘查工作，注意发现形迹可疑的人员。

谨防"黑店"抢劫

案例

　　赵某某，31岁，多年来一直从事与旅馆业有关的工作，先是给人打工，后来自己单干。然而，正当生意的收入并不能满足他对金钱的欲望，他便四处寻找发大财的机会。他得知有人以提供色情服务为诱饵，勾引客人到旅馆，而后以暴力、威胁等手段逼迫对方就范，取得钱财。对此，赵十分看好，认定这是一条致富的捷径。于是，在短短的两年时间里，他伙同他人在镇江、常州、江阴等地疯狂作案，仅公安机关查明的就达十几起之多。他们每次犯罪的过程一般分为两个阶段，一是准备阶段，先在落脚城市比较偏僻的地方租用一间民房，里面放上一张床，床上摆上一条被，门口再挂一块"某某旅馆"的招牌。二是实施阶段，这一阶段又具体分为6个步骤：第一步是拉客。就是由团伙中负责拉客的女子在火车站、汽车站等地物色单身男性旅客，以"住宿费便宜"、"有小姐陪"等诱惑性语言，骗客住宿。第二步是跟客。这一任务一般由拉客女的丈夫或姘夫承担，他们负责在客人被引往"旅馆"途中，暗中跟踪，防止旅客中途改变主意，或被其他旅馆抢走生意。第三步是"逗"客。在客人到达所谓的旅馆后，扮演"小姐"的女同伙就进屋与客人闲聊，并用一些下流的语言和行为进行挑逗。第四步是劫财。当客人经受不住挑逗，开始宽衣解带时，赵某某便亲自出马，以警察抓嫖的名义冲入房间，向其索取"罚款"，客人稍有抵触，他们便改换"面孔"，以黑社会老大的口气威胁受害人，有时甚至举脚相加，逼其交出钱财。第五步是盯客。为防客人随即报警，当对方离开后，赵某某还会派出一名喽啰暗中紧盯客人，看其是否报警，直到客人真正离去。万一客人报警，这名喽啰则会立即报信，团伙成员便"作鸟兽散"。第六步是分赃。每次犯罪后，赵某某会根据团伙成员在本次犯罪活动中的"贡献"大小，支付一定的报酬。由于赵某某一伙采取的是打一枪换一个地方的流程作案方式，所以在一段时间内逃过了公安机关的打击。后来警方根据群众举报，经侦查，共抓获全部 12 名团伙成员。赵某某被以抢劫罪判处无期徒刑，剥夺政治权利终身，并处没收个人全部财产，其他成员被分别判处 4 至 15 年有期徒刑。

住宿是人在旅途的重要一环，而对住宿人员挥伸"魔爪"则是不法分子非法获利的惯用手段。那么，入住旅馆如何防抢呢？

（1）入住正规旅馆。当我们去某地出差或者旅游，需要住旅馆时，一定要选择正规的旅馆，入住正规旅馆可以大大减少在旅馆中发生抢劫事件。

（2）如果条件许可，尽量一人或与同行人员住一个房间。要检查房间的安全状况，如门、窗是否完好等。如果发现门、窗有问题，请立即通知旅馆方面予以维修或调换房间。

（3）回到房间时，一定要记住锁好房门，关好窗，如果有安全锁的，要记得锁上安全锁，确认这些部位安全可靠。

（4）妥善保管现金和贵重物品。出门在外尽量使用银行卡，如果携带大额现金应及时处置；贵重物品应存放在房间内的保险箱里，或到旅馆的寄存处予以妥善保管。

（5）保管好房门钥匙。在公共场所不要随便显示所住旅馆的房间钥匙，或随意将钥匙置于餐桌或其他容易被盗走的地方。

（6）不要显露钱财。不要在房间以外数钞票；单身女性在外出时，应尽量不要佩戴昂贵的珠宝、首饰，以免引起不法之徒的非分之想。

（7）不要给陌生人开门。尤其是单身女性投宿旅馆时，如果有未经事先告知或邀约的人敲门，一定不要随便开门。即使对方声称是旅馆员工，也要先打电话到前台问清楚是否派人来房间，以及来房间的目的。

（8）不要与陌生住客轻易交朋友、拉老乡；不随便吸、食同室或其他陌生住客的饮料、食品和香烟。男士要慎与陌生女性接触，防范色诱抢劫。

（9）洽谈事务到公共场所。为了自身的安全，应尽量避免邀请陌生人到自己投宿的房间，可利用旅馆大厅或咖啡厅、餐厅进行洽谈。

（10）夜晚回店要走正门。外出办事归来时，尤其是在很晚的时候回店，不要贪图省事走偏门、侧门，要从正门进入旅馆。另外，单身女性从旅馆大厅进入电梯或楼道时，要注意观察有无尾随，发现可疑人员应立即返回。

（11）感觉危险一定要及时报警。如果发现旅馆内有可疑人跟踪，或者身边发生了蹊跷的事情，要立即通知旅馆的保卫部门或服务员进行处理。

老年人防抢攻略

目前，在很多地方出现了针对老年人实施的抢劫行为，对老年人的生命安全和财产安全造成了巨大的伤害。那么，作为老年人应该如何防范抢劫呢？

（1）老年人要提高防范意识，一人外出锻炼、购物、走亲访友时，携带适量现金即可，不要佩戴项链、手镯、戒指等金银首饰。

（2）老年人不要办理存取款、购买贵重物品等涉及大额现金的事宜。

（3）一个人不要去陌生的地方；不管为何事去何地，不要接受陌生人的邀请，不要轻信陌生人的花言巧语和承诺；不要透露家庭经济、成员等情况，以防抢劫或绑架陷阱。

（4）出门在外时，要警惕劫匪驾驶汽车劫持抢劫。无论是白天还是晚上，在市区，应在人员较多的公交站台处候车；在郊区及农村，应尽量在有房屋、小店及行人的地方候车，避开偏僻路段。外出时尽量结伴而行，对在路边停靠过久的面包车不要轻易接近。不要乘坐黑车。

（5）老年人一人在家时，千万要关好防盗门窗并上好保险。除非家人事先有交代，外人来访、维修、送礼等，先从门上的"猫眼"或"窥视孔"看看是否认识，如不认识要婉言拒绝，可请其改日再来或与家人联系；其他诸如推销员，上门化缘的尼姑、和尚，公司的问卷调查员等，也应一概拒绝。准备外出时，先通过"猫眼"观察确认无可疑人员再打开房门。

（6）在城市和农村，"空巢老人"、"留守老人"越来越多。子女平时要多与老人通通电话，经常回家看看，与老年人交流沟通，驱散其孤独感；此外，邻里间的相互守望显得尤为重要。独居老人一旦遇上歹徒，在孤立无援的情况下，首先要考虑自身生命安全，切忌盲目反抗。例如，在被劫匪盯上后，要表现顺从，晓之以理动之以情，以免遭伤害；再如，在熟睡中被盗贼行窃的响动惊醒时，应"装聋作哑"，保持冷静，不要开灯、喊叫、反抗，以免盗贼狗急跳墙伤害人身。如有可能，暗暗观察，记住盗贼的面貌特征。

存、取款防抢攻略

案例

　　最近，家住黄岩的牟女士驾车去银行取出巨款后，将装钱的包放在驾驶室副座上，沿着天长南路向南开。开到红豆大酒店附近时，由于车辆较多，她就放慢了速度。就在这时，三个青年男子从不同方向靠近了她的车。在左边的那个穿黑衣服的青年敲了几下车窗，当时牟女士以为是熟人在跟她招呼，就停下车。没想到就在这一瞬间，在车子右方穿黄衣服的青年突然打开副驾驶室车门，拎走装有巨款的包。牟女士连忙抓住包带，那人用力一拉，夺走了包，三人朝不同方向逃跑。牟女士连忙下车，一边高喊"抓贼"，一边朝那个拿包的歹徒追去。在数十名群众的协力帮助下，终将歹徒抓获。

　　存、取款人员一般携带大额现金，对劫匪具有极大的诱惑力，必须采取有效防范措施。

　　（1）业务交往和日常生活中需要大额现金时，最好采用汇款、银行卡结账等便捷的方式，以尽量减少现金交易。必须从银行取出大额现金时，应有两人以上前往；有保安的单位，应由保安全程陪同。必要时，可请专门的保安服务机构进行押运。切勿一人，尤其是女性单独一人去银行存取大额现金。

　　（2）存、取款之前做好准备工作，检查车辆的状况、是否有油等，防止在路上出现故障而给歹徒提供抢劫的机会。没有交通工具的，尽量"打的"前往或返回。如果骑车去银行取、存款，不要把装钱的包、袋挂在龙头上或放在车篮内，以防"飞车抢夺"。

（3）观察银行、储蓄所内外有无可疑人员和车辆。

可疑人员主要包括：无所事事，在银行门前、营业厅内徘徊游荡、漫不经心打手机的人员；关注出入银行储户的非保安人员；在大厅内闲坐的人员；戴头盔、戴帽、戴墨镜等遮盖面部特征，或穿着打扮与气候及天气特征不相符的人员；不时打电话的人员；驾驶汽车、摩托车在银行门口转悠的人员；神情异常的人员。

可疑车辆主要包括：停在银行门前处于点火待发状态的汽车、摩托车；无牌照、前后少牌照、号牌不清、牌照翻转、或故意用泥巴等物遮挡牌照的汽车、摩托车。

（4）不在银行内外交谈存、取款事宜（如数量、用途等），以防泄露存、取款秘密，给歹徒抢劫作案制造条件或诱发抢劫。

（5）存、取款过程中，不要将装钱的包、袋随意放在柜台上，离开自己的视线范围。清点钱款应在金融机构内，出门后切莫清点钱款。不要只用塑料袋简单包裹现金，或者把钱装在衣兜中，将衣兜撑得鼓鼓的，这样很容易成为被抢的目标。

（6）在 ATM 机存、取款时也要注意防抢。尤其在夜间，进入银行自助服务区之前，注意观察身后是否有人尾随，服务区内及附近有无可疑人员隐藏，如发现异常情况，切勿进行存、取款操作。

（7）取款后离开银行时，应先观察有无可疑情况，然后迅速乘坐交通工具离开。如果交通工具是汽车，上车后应及时锁好门窗。

（8）返回途中，要注意观察是否有汽车、摩托车尾随、跟踪。如果发现或怀疑被人尾随，最好先到热闹的街区作进一步观察，确认嫌疑后立即拨打 110 报警。

（9）取款返回途中，不要理睬以某种借口试图搭讪、接触、纠缠的陌生人员，防止尾随、跟踪的歹徒设计抢夺或抢劫。

（10）取款回家或回单位后，应注意保密，妥善保管并及时支用。

（11）如果遇到抢劫，无论被抢数额多少，都应及时报案。此外在被抢劫过程中，首先需要保护自身安全，然后尽可能地记住抢劫者的体貌特征和逃跑方向，以及作案车辆的车型、颜色、车号等，以便提供破案线索。

冷静面对敲诈勒索

当今社会，敲诈勒索的违法行为时有发生，对此，我们必须高度警惕，采取有效的防范措施。

（1）对于主动给手机号码或者电话号码，主动要求见面的人，要非常小心，犯罪分子一般都希望尽快得到猎物，尽快下手。

（2）犯罪分子一般都会寻找有经济能力的、随身携带贵重物品的人下手，所以不要露财，不要随身携带贵重物品。

（3）对于不是本地的网友却非常想从外地来见面的，需要格外小心，他们或者可能从路费上做文章提要求，或者会趁机作案，逃之夭夭。尽量减少接触网友，见的人越多，风险越大。如果一定要见面，最少经过1～2个月的仔细沟通。如果真的要与网友私下约会，见面地点必须坚持在人多的公共场合，坚决禁止带陌生人回家、开房等。

（4）见陌生人时，身上尽量避免带过多财物，如手提电脑、贵重手机、手表、首饰以及过多现金。另外，避免将身份证、工作证、军（警）官证等有效证件携带在身。

（5）无论是否见面，你与陌生人交往都要严格保守你的个人隐私，不要轻易透露你的财产状况，不要透露你的具体工作地点、工作单位、住宅地点、住宅电话、工作性质以及有关家庭事业的隐私信息。所有没有见过的人都不可过于相信。

（6）如果出现人身财产损失，应该立即报案。犯罪分子一般会利用受害人不愿声张、害怕隐私泄露等心理进行敲诈勒索。如果你受到侵害，请你务必报案，公安机关只关注犯罪分子和案件本身，会保护你的隐私。

另外，在外地遇到坏人讹诈时，也要采用一些巧妙的应对方法：

（1）一人出门在外，人生地不熟，容易受到流氓等坏人的讹诈。比如他故意往你身上一撞，然后说你把他的眼镜撞到地上摔碎了，或者事先包里装好碎片往你身上一碰，然后诬赖你撞坏了他的古董等等，借此向你勒索钱财。遇到这种情况，你应该果敢地提出与其到当地公安机关解决问题。这样就可以抑制其气焰，并使其阴谋无法得逞。

（2）如果对方人多势众，行人又不敢多管闲事，他们的气焰会更加嚣张，稍有不从，便可招致拳打脚踢。这时可暂时屈从他们的淫威，但也尽量讨价还价，争取少费钱财脱身。同时记住讹诈者的人数、特征，随后到公安部门报案。

（3）为防止坏人讹诈，一人出门在外，应尽量远离人多拥挤之处，不随便与人谈论自己的情况，对有意靠近自己身体的人更应警惕。

认清"碰瓷"类的敲诈

案例

一天晚上，小路照常饭后带着狗狗出去散步。在去广场散步的路上，突然听见前面有个小伙子突然大喊一声："哎哟，这是谁家的狗！咬着我了！"然后就倒在了地上。小路一看，刚才狗狗正是从那个小伙子身边过去的，不过为什么今天狗狗咬人了？平时不会发生这种事情啊？小路也顾不上那么多了，走到那个人身边，看看那个人伤得如何。当看到那人确实有伤口，并且裤子上还有点儿红色血迹时，小路很是内疚。这次狗狗是犯错了，不过她感觉确实有点反常。那个小伙子嚷嚷开了，让小路赔偿医疗费、损失费等，开口便要2000元。小路一直说自己要陪他一起去医院检查一下，顺便去报警，不过那人一直不同意，只是要钱。小路感觉不是很对，"这个人怎么这么急着要钱，也不急着去打狂犬疫苗？还在这里死皮赖脸？钱重要还是命重要？这里面肯定有诈！"小路拿出手机打算拨打110电话报警，那个小伙子立马脸色就变了，嚷嚷着让小路赶紧拿钱，但小路不顾这些打了电话。公安机关接到报案后，迅速赶到了现场，并当场对小路和小伙子进行了询问。小伙子支支吾吾的，脸色非常难看，他因为这种"碰瓷"已经被公安机关逮到过两次了。同样，这次他也没有逃脱公安机关的处罚。

在上述案例中，小路遇到的问题，就是近几年非常流行的一种敲诈勒索行为——"碰瓷"。"碰瓷"是北京方言，是典型的敲诈勒索的行为。例如，故意同机动车相撞，以骗取赔偿。"碰瓷"最开始是古玩业的一句行话，意指个别不法商贩，在摊位上摆卖古董时，往往会别有用心地将易碎瓷器往路中央摆放，等候路人不小心碰坏，便凭此诈骗。可怜的路人被"碰瓷"者诈骗，花钱买气受，还得抱回一堆碎瓷。

随着社会的不断发展，"碰瓷"现象也正在不断演化，违法犯罪分子的技术水平越来越高。尤其近几年来，其花样不断翻新，演技也越来越好。一般来说，违法犯罪分子具体操作时，具有非常高的演技水平，并且能将人迷惑得看不出其中破绽。此种骗术的表现手法有许多，主要有"驾车碰瓷"、"踩脚碰瓷"等。近几年公安机关渐渐发现，"碰瓷"已呈现出团伙作案的趋势。在一些大中城市，已经出现以"碰瓷"为生的人，即新词汇——"职业碰瓷党"，在广州、北京等地较为猖獗，已严重影响了人们的日常生活。同时他们的作案工具也已经逐渐发生改变，已经由破瓷器变平光眼镜、假手表、报废车辆、废旧的手提电脑等物，并且作案动机和手段更加恶劣，团伙作案的趋势更为明显，如敲诈不成，便会转为对事主进行殴打，并转化成抢劫、抢夺，严重危害社会稳定和公民人身财产安全。

应对"狗咬人碰瓷"

在日常生活中"狗咬人碰瓷"事件时有发生，也使很多人上当受骗，受害者中遛未拴着的狗的女性比重过半。那么，在生活中该如何应对"狗咬人碰瓷"事件呢？

（1）遛狗的时候，最好是在人群密集的地方，这样违法犯罪分子便很难采取伪装的手段，人员众多，便会失去作案的有利条件，较为容易被人发现，这样自身也能有更多的安全感，减少问题产生的概率，将更多的问题从源头上减少，省去自身许多麻烦。但是，此时更要细心地看管好自己的爱犬。

（2）出门遛狗尽量用绳拴住狗狗，这是非常关键的一点。如果没有用绳拴住，而是放开让其乱跑，不管自己对狗狗有多么放心，都会给违法犯罪分子留下可乘之机，迅速下手，没有的事情也说成真的。用绳拴住狗狗后，下手的难度会加大许多，违法犯罪分子自己提前准备好的伤口、措辞，都会显得毫无证明力。用绳拴住狗，也可以减少行人的惧怕和危险，于人于己都好。

（3）如果自己遇到"狗咬人"事件，不管这起案件是真是假，首先要做的，就是拨打110电话报警。违法犯罪分子最怕的就是真相败露，而公安机关的震慑和打击，往往会使他们处于很被动的地位。在当前"狗咬人碰瓷"尚非呈大型团伙作案的情况下，公安机关的打击，是非常具有威慑力的。所以说，及时拨打110电话报警，能够取得非常不错的效果。

（4）如果真的有伤口，自己就可以用手机拍照以获取证据，伤口的具体外貌特征，需要请相关专家进行鉴定。因为一般而言狗狗不会咬人，除非被对方激

61

怒，所以在遛狗时遇到狗咬人问题时，大部分是由于某种激怒狗狗的行为。所以事后与对方进行一定的交流，获取更多信息和证据，是自己应该注意的。

（5）坚决不要私了，而是陪其去医院打针，积极配合其治疗，只有眼见为实，才能真正做到不上当受骗；或者凭有效的正规医院实名医药单来支付费用。在完成基本医疗费用以后，再协商其他赔偿。这更加能够防止狗咬人碰瓷违法犯罪行为的发生，因为不可能有没被狗咬也去医院打狂犬疫苗的人。

应对"驾车碰瓷"

　　"驾车碰瓷"的主要表现为犯罪分子驾驶机动车辆利用道路交通混乱或者对方驾驶时的失误或者变道、起步、停车、逆行等时机故意制造交通事故，进而通过恐吓、欺骗、威胁等手段要求受害者进行高价赔偿。近几年来，随着私家车主的日益增多，犯罪分子便渐渐盯上了他们，"驾车碰瓷"案件发生概率越来越大，造成了恶劣的影响。

　　应对"驾车碰瓷"，我们可从以下几个方面入手：

　　（1）当事人应当及时选择拨打110电话报警，让公安机关出面帮助解决。敲诈者所利用的，正是当事人胆小、怕麻烦的心理，所以当事人一般为了快点结束争执，不会报警。如果他们看到当事人已经报警，违法犯罪分子往往会主动停止已经计划好的"碰瓷"行为。一般来说，"老手"们在当地都有层层"案底"，他们也担心公安民警到来后，直接进行盘查和询问，之后的麻烦他们心里早已清楚，所以只好早早收手。

　　（2）当我们驾车行驶至交通秩序混乱的路段时，一定要集中精力，不要开小差，更不要有交通违法行为，以防有口难辩，落下把柄，授人口实。

　　（3）自己一定要镇定，不要慌张。对于所谓调停的人，不要轻易接受，他们往往是对方的"托"。他们往往故意虚张声势，以引起路人的同情和注意。有些当事人虽然明知错误不在自身，然而自己却害怕被围观，更害怕警察到场，对公安机关充满畏惧。事实上，违法犯罪分子更害怕路人看穿其骗人伎俩，这时候当事人要有信心，坚持到底，以诚恳的态度，去争取围观群众的同情，相信一定会出现有利于自己的局面。

（4）如果是造成对方"受伤"，一定要坚决主张先去医院为其治疗，否则其余事项免谈；另外，应该尽快通知自己车辆所投保的保险公司，收管好相应票据，以及事故处理部门的相关证明材料，从而由保险公司承担其相应的费用，使自己的损失能够得到一定补偿。

（5）当车辆与行人发生碰撞，或者是外地车辆在本地发生交通事故时，坚决不能"私了"。这种情况下，"碰瓷"敲诈勒索的行为，是非常容易产生的。一般而言，作为"碰瓷"的行人，会对驾驶人进行所谓的"据理力争"；而本地人往往认为外地人对本地不熟悉，往往会打外地车辆的主意，对外地车辆进行敲诈勒索。当事人需要保管好相关的发票单据和公安机关的证明材料，由保险公司承担部分责任，减少自己的相关责任。

警惕微信敲诈

案例

23岁的南通姑娘小蔡是时尚达人，没事儿就喜欢拿手机微信聊天。2012年5月份的一天晚饭后，正在看电视的她手机微信提示音响了，一名陌生男子通过微信"摇一摇"、"查看附近的人"的方式搜索到她后，向小蔡发来一条简讯，请求加为好友。小蔡接受了对方的请求，随后俩人便聊开了。

对方自称沈丹，是一名民警，在南通某派出所工作。他向小蔡大献殷勤，请求小蔡做他的女朋友，小蔡见该男子条件不错，经不住他的软磨硬泡，就答应了。此后，两人多次见面并发生了性关系。

2012年7月底，沈丹发短信给小蔡，称自己在安徽出差，因匆忙出行，没有带差旅费，让小蔡汇600元钱给他，并保证事后归还。小蔡二话没说就把钱汇给了对方。后来，沈丹又威胁小蔡给其寄1万元，否则就派警察去找小蔡麻烦。小蔡出于恐惧的心理，就又给他汇了1万元。几次借钱之后，小蔡对男友的警察身份产生怀疑。经多方打听，男友所说的派出所中并没有叫沈丹的民警。意识到可能上当受骗，小蔡便赶紧向公安机关报案。公安机关接到报案后，迅速立案，展开调查。三天后便将自称沈丹的田某抓获。经查，该男子冒充警察进行招摇撞骗，涉嫌金额达到5万余元。

在该案件中，单身女性、南通姑娘小蔡，使用微信聊天工具，被冒充警察的田某欺骗，之后又被敲诈勒索。近年来，因为使用微信工具交友聊天被骗的案件呈上升趋势。微信工具的"摇一摇"功能，将不同城市、不同信仰、不同追求的人联系到了一起。这样一种简单的交友方式，也给了骗子可乘之机，小蔡就是其中的受害者之一。

微信的出现，更加满足了人们对于聊天的需求，改变了原有的交往方式和认识途径，这也让不法分子有了可乘之机。在这类通过微信、QQ 等聊天工具实施违法犯罪行为的案件中，受害者多以年轻单身女性为主。违法犯罪分子往往会通过"打招呼"拿准对方心理等手段，使她们放松警惕。单身女性由于自身心理的特点，容易被违法犯罪分子所利用：她们容易对对方产生依赖、信赖的情感，待她们放松警惕时，违法犯罪分子便开始敲诈勒索。而大部分单身年轻女性，因为这方面牵涉到自己的隐私，所以如果发现自己被骗，也往往不会宣扬出去，更不会拨打电话求助，这给违法犯罪分子提供了更多的可乘之机。

在上述案例中，小蔡因为自己的安全防范意识不强，被冒充警察的田某所骗。对子微信等新型聊天交友工具，如何进行防范，提高女性的安全防范意识，有效地进行自救，显得尤为重要。现在，就以下几个方面对女性朋友进行提醒：

（1）提高安全防范意识。微信软件使用简单、操作方便，只需要一部能上网的手机，就可与许多陌生人相识，并渐渐"熟知"。但由于微信尚不采用实名制，因此一旦注销后，便很难追查，女性一定要提高警惕，不要轻信"微信好友"，要提高自己的安全防范意识。

（2）不要轻易向陌生人透露自己的真实信息。对于自己的个人基本信息，不要轻易向任何陌生人透露，更不能轻易将自己的个人身份证件交与对方或是由对方代为保管。个人信息安全对于女性而言，特别重要，一旦被违法分子所获，后果不堪设想。

（3）不要轻易同"微信好友"见面。如果要见面，选择在白天人群较多的地方。实际上，这很可能招来违法犯罪分子。他们使用微信工具，寻找年轻女性为侵害对象，通过网上聊天方式，约网友见面，并随即开始实施敲诈勒索等违法犯罪活动。

绑架防范攻略

案例

　　温某在广东东莞市某厂打工。某晚21时30分，温某到工厂附近的一家炒粉摊吃夜宵。因人多需等候，温某便买了一瓶可乐，喝了几口就放在餐桌上，然后起身去上厕所。当温某返回再喝剩余的可乐后，很快便昏迷不醒。等他醒来时，却发现自己坐在陌生人的车上，双手被捆绑，同车的还有4名男子。温某立即意识到自己被人绑架了。"你们把我带到哪里去？"温某问。其中一人回答道："你喝饮料中了毒，昏迷不醒，是我们救了你，送你回家。""送我回家，怎么还绑住我的手？"温某反问。车子到了湖南株洲继续往前行驶。

　　次日下午14时许，当车行驶至新余板桥收费站附近，4名男子下车，到附近一家餐馆吃饭。温某见机挣脱着从车上跳下来，随即狂奔冲向收费站。绑匪见状怕罪行败露，吓得慌忙丢下饭碗，拼命逃窜……

　　在大多数人的印象里，只有富豪或知名人士才有可能被绑架。但近年来，即使是平民百姓，也可能成为被绑架的对象，绑匪要求的赎金通常不太高。在逛街或在银行办理业务时，都有可能成为被绑架对象或人质，此时损失的不只是金钱，还可能是容貌受损甚至危及生命。掌握一些预防被绑架的常识，有助于确保人身安全。

　　（1）尤其是青年男女，应避免炫富，不显露家里收藏有很值钱的字画、古董等宝物。

（2）如果你在当地是妇孺皆知的富翁，你及家人最好减少单独外出或一人在家的机会，不要随意透露自己或家人的生活、工作、出行计划以及行踪等情况。

（3）如果一人或与小孩在家，不要轻易为陌生来访者开门。

（4）注意发现自己经常活动和出入的地方有无可疑人员与迹象，因为绑架案件通常发生在被绑架对象经常活动和出入的地方。

（5）从犯罪分子绑架的手段可以看出，绑架的对象不仅仅是大富大贵者，平民百姓也可能不幸成为绑架的受害者。因此，每个成人都必须做好防范工作，防止自己及小孩被绑架。

（6）不要轻信"网友"，不要随便邀约不太熟悉的网友、朋友到家里，或应陌生人之约外出。

（7）尤其是青年女子，一人外出探亲访友、寻找工作时，不要轻信街头陌生人的"热情"、听信他们的说辞，以免落入其预设的圈套，遭遇绑架、拐卖、强奸等犯罪侵害。

（8）一人在饭店、大排档等场所吃饭、休息时须小心谨慎，离身饮料忌再饮，防止被人投放麻醉药物。

（9）出行乘车时要选择公共汽车或者正规出租车，不要为了图省钱或者图方便，随便乘坐"黑车"或搭乘陌生人的便车，给犯罪分子以可乘之机。

（10）车主在地下车库及公共复杂场所上下车，打开车门前，先观察一下周围有无可疑人员，并养成上车后随即反锁车门的习惯。

（11）外出时应注意是否被人跟踪。被人跟踪时，可到人多的场所摆脱，或向就近的公安机关报案。

（12）平时要注意交友和人际关系的处理，处理好邻里关系、债务纠纷，避免矛盾激化；同时，要遵纪守法，避免"暴力竞争"，预防因赌博欠债、"黑吃黑"等衍生的绑架案。

（13）在常用的通讯工具上设置紧急呼救号码和按键及自动报警语音，与家人之间定制突发事件和紧急情况沟通密语或隐语，以备意外情况。

（14）遭绑架后应保持冷静与警觉，切记求生的信念与逃脱的准备。

遭遇绑架时如何自救

绑架是以勒索财物为目的，使用暴力、胁迫或麻醉等方法，劫持要挟人质的犯罪行为。自己遭遇绑架时，一定要冷静对待，千万不能惊慌失措，以下几点一定要做到：

（1）一旦意识到已经遭到绑架，此时同绑匪搏斗是十分不可取的。绑匪多是身强力壮、穷凶极恶的亡命之徒，又多为合伙作案，一味鲁莽地与绑匪搏斗，他们往往会凶相毕露，铤而走险，此时自己就会凶多吉少。

（2）被绑架后应尽量让自己保持冷静，尽可能多地了解自己所处的位置。如被蒙住双眼看不清道路的情况下，可通过数数的方式，估算汽车行驶的时间和路途的远近。

（3）被绑架后保持良好的心理状态是十分重要的，被绑架期间应该强迫自己多进食、饮水，保证身体有足够的水分和营养。

（4）在相信自身不会受到更大伤害的情况下，要尽自己的最大努力与绑匪周旋，如利用绑匪准许人质与亲属通话的时机，巧妙地将自己所处的位置、现状、绑匪等情况告诉亲属。一定不能忽略的是，在采取自救措施时，要选择好时机，在确保自身安全的情况下才可以逃脱。

（5）一旦脱离绑匪的控制，一定要在第一时间内向警方报案，提供绑匪的有关情况。

（6）绑架一旦发生，人质的亲朋应立即向警方报案，并向警方提供人质的年龄、体貌特征、生活习惯、活动规律、随身携带物品、手机号码、车辆及近期的照片等资料；案发前后是否有可疑人、可疑电话或可疑车辆等情况；案发后，绑匪以什么方式与亲属联系、使用的电话号码、绑匪要求家属做些什么事等。

（7）报案前后要严格保守秘密，这样做的好处是以免绑匪残害人质，决不向公安机关之外的人透露有关案情及报案的任何情况。

（8）人质的亲朋应按照警方的提示与绑匪保持联系，根据警方制订的解救方案，协助警方开展解救行动，千万不能自以为是、私自行动。

（9）绑匪的体貌特征、年龄、人数、口音等一定要牢牢记住，一旦获救，可以为公安机关提供破案信息。

（10）当救援人员到达时，要充分利用地形地物，时刻准备逃脱绑匪的控制。

女性防拐攻略

案例

　　21岁的河南伊川人小胡在网上结识了一个网友，因为聊得投机，两人很快就成了"好朋友"。半个月后，小胡受邀跟随网友去嵩县游玩，结果被对方控制。这天，在去偃师的途中路过一个加油站，胡某假意上厕所，低声对一名女士说："救救我！外面有人等着，要让我去当小姐……"女士果然发现有一男一女两眼紧盯厕所，脸上显露出很不耐烦的表情。女士感觉不妙，立即跑回附近单位，将情况告诉了经理，经理随即带领五六名员工赶往加油站。看到女孩被人从公厕搀出，外面的一男一女马上走了过来，大声威胁说"不要多管闲事"，并冲过来欲将女孩拉走。但在众人的阻止下，两人未能得逞，只好悻悻然驾车离开。经理随即报警，派出所民警赶到现场将女孩带回，并根据线索很快将犯罪嫌疑人查获归案。

　　近几年来，女性被拐卖的事件时有发生，严重威胁着广大女性的人身安全。那么，社会中的广大女性如何防范被拐卖呢？

1. 增强自身的防范意识，提高辨别能力

　　一般来说，拐卖人口的犯罪分子，通常具备这样的特点：一是名利诱惑，投

其所好，攻其不备；二是假交朋友，暗藏祸心，图谋不轨；三是花言巧语，能言善辩，见风使舵。无论遇到帮你介绍工作、介绍对象的老乡还是陌生人，都应当保持警惕，多问几个为什么，多想几个怎么办。

2. 找工作、外出打工时必须注意防拐

（1）到当地劳动部门指定的劳务市场，或正规的中介机构，通过合法的途径，或通过信得过的亲戚、朋友介绍工作。

（2）不要盲目外出求职、打工，不要轻信街头巷尾的招工、招聘广告，更不要相信"招工人员"的游说或高薪诱惑。如果介绍工作的人说工作的地方较远，随后又提出要带你坐车去看，这时千万不要轻易相信。

（3）如果确定外出打工，最好结伴而行，尽可能不要独来独往、单个行动。外出期间把自己的所在地址和联系方式及时告诉家人和朋友，让他们知道你的去向。平时要与亲友经常保持联络。

（4）在车站、码头遇到拉客行为，应坚决拒绝。对自称前来接站的陌生人员，在未经核实之前，不要随其离开。

（5）准备出国打工者，要确定招聘单位有无外派劳务经营资格，确认出国务工信息是否准确；如果通过中介，要确认中介机构是否具备商务部颁发的《对外劳务合作经营资格证书》或劳动与社会保障部颁发的《境外就业中介经营许可证》，以免受骗上当。

3. 交友过程中要注意防范

（1）慎重选择交往对象，与人品较差和不知底细的人保持距离；外出时尽量不要饮酒，更不要醉酒。

（2）不要轻信网友并擅自与网友见面。不要跟陌生人远离家门到陌生的地方去。当有人邀请你去某地旅游或游玩时，更要注意辨别。离家外出，事先要与家人商量。

（3）慎重对待陌生人的主动关心。与陌生人打交道时，要保持警惕，不轻信其甜言蜜语；不要贪图小便宜而接受陌生人的小恩小惠或吃、喝陌生人提供的

食品或饮料；正正当当地做人，不要妄想非分之得。

（4）不要轻信街头"导演"、"作家"及其帮你介绍当演员或者发表作品的承诺，而随其去"试镜"、"采风"。遇到"导演"、"作家"时，不妨请其出示证件，以辨真伪或通过当地文化部门印证。不用担心，你的这一做法并不会得罪真正的导演、作家。

（5）当发现被拐骗或人身自由受限制时，要保持冷静并设法自救。

①在城市和人多的地方，可挣脱犯罪分子的挟持逃跑，并大声呼救；或采用写字条、借口上厕所等方法向周围人说明你的处境，请求帮助。

②在路段偏僻、人烟稀少的地方，可假装服从犯罪分子，争取其信任，同时注意观察地形，充分利用一切时机自救逃生。

③记住犯罪分子的体貌特征，如身高、体型、口音、衣着等，及时向公安机关提供破案线索。

④设法了解买主的姓名、住址，或所处场所的地址；留意所处环境的特点，如建筑物的名称、路牌、交通工具等，想方设法通过电话、手机短信、托人报警、信件等方式，向当地公安机关或家人报警、求救。

第三章

公民安全无小事——居家安全

TIAN DUN AN FANG

在日常生活中，我们每个人的一生中都难免会遇到或多或少的意外伤害或突发事件，这些突发事件往往给我们的人身安全带来巨大危害。因此，我们掌握一些日常生活安全小常识是至关重要的。

引例

2013年5月18日10时许，北京春晨物业管理有限公司工人王某在海淀区志新东路甲8号进行暖气沟检修时因作业灯电线绝缘层破裂触电死亡。4个小时后的14时10分，中集建设有限公司2名工人在东城区夕照寺街13号北京市第五十中学内施工时发生触电事故，造成一人死亡，另一人受伤。

看似不可预防的意外触电事故，其实牵扯出一个大家都忽略的"生活安全"命题。有资料显示，在全球范围内，每年约有350万人死于意外伤害事故，约占人类死亡总数的6%，是除自然死亡以外人类生命与健康的第一杀手。在很多经济发达国家，生活意外伤害事故已经成为人类非正常死亡的第一死因。

总之，安全是人类演化的"生命线"，更是社会向前发展的促进力。但是我们面临的形势是严峻的，尽一切力量去有效地防范意外事故，创造一个安全、健康、高效的生活环境，这应该是全社会共同追求的目标。

小心我们身边的"炸弹"

案例

　　湖南长沙的张先生家正在做午饭时，突然发生了燃气闪爆事故，致使正处于孕期的妻子被烧伤。事故发生后，经燃气公司技术人员鉴定，事故原因是因燃气瓶底部漏气而造成燃气爆炸。根据张先生介绍，该燃气瓶是他向一五金店租用的一套燃气灶，并交了95元押金，后来又向该店更换了一瓶煤气。经工商部门检查，这家五金店既未办理工商营业执照，也没有相关职业资格认定证书，其提供的产品为不合格产品。

　　在我们的日常生活中，燃气钢瓶十分常见，这些钢瓶从外观上看去很结实安全，但是必须注意的是，这其中有近一半是不合格品，存在着十分严重的安全隐患，被人们称为身边一颗不定时的"炸弹"。

　　应该意识到的是，这颗"炸弹"的威力不容小视。液化石油气的爆炸速度达2000～3000米/秒，形成的冲击波在每平方米的壁面上产生70吨左右的推力。除此之外，它比炸弹更可怕的是，同时会引发火灾，如果附近还有石油气装置，连环爆炸事故就无法避免。

　　据相关部门的统计，在我国常年使用的7000～8000万个液化气瓶中，有超过1/3的气瓶存在质量隐患！

　　按国家技术监督局的强制性标准，制造液化石油气瓶的钢板必须是专业用的"气瓶板"。之所以采用专业的气瓶板是因为这种钢板有足够的延伸率，即使瓶内液体受热膨胀，气瓶体积可以在一定程度上随之增大，避免瓶内压力过大而胀破气瓶，引起爆炸。但是，这种钢板比非专业用钢板每吨贵400多元。在利益的驱使之下，一些厂家为了达到节约成本的目的，往往用其他钢板取而代之。

除此之外，有的厂家使用厚度不合格的钢板。应该注意的是，钢瓶常见的质量问题还有焊接工艺不过关，存在砂眼、气孔等。

这些不合格的气瓶存在着严重的安全隐患，一旦遇热，或者发生泄漏，爆炸事故就很容易发生。那么，我们应该如何预防燃气瓶爆炸呢?

（1）我们一定不要有贪图便宜的心理，应选择到定点液化气站充气，走"正规渠道"，选"正规军"。

（2）我国规定，使用燃气瓶的周检时间为四年，且每隔两年就须送到法定检测单位进行周期性质量检验。若遇气瓶严重锈蚀、划痕或阀门松动等现象时，则须提前检验，以便及时发现，防止燃气瓶漏气。对使用期限超过15年的任何类型的钢瓶，登记后不予检验，按报废处理。

（3）一定要增强安全使用知识，对未经周期检验合格或有锈蚀严重、阀门松动泄漏等问题的燃气瓶坚决不用。

厨房安全不容忽视

在现代社会中，家庭中常常发生许多事故，如烫伤、失火等，这些事故大都在厨房发生。其实如果能够在厨房干活时多加留意，有些事故是完全可以避免的。我们一起来看如下注意事项：

（1）点燃中的煤油炉，一定要注意不要添加煤油。每次加满煤油点火前，要抹去溢出及滴下的煤油。

（2）一次不要储存过量石油气、煤油等燃料。而且，要贮存在远离炉灶、火焰的地方。

（3）煮饭时，一切有柄炊具的把手应该指向墙壁。这样即使有人经过炉旁，也不会碰翻锅子。

（4）煎炸食物的时候应小心看顾炊具，不要离开；所放的油不要超过锅子深度 1/3。油煮沸的时候，一定别溅进水滴。

（5）在烹制油炸食品的时候，一定要提前预备锅盖及大块的湿毛巾，这种情况下即使起火，也可以很快将火扑灭；除此之外，还要记住不要向油锅上泼水。

（6）炉灶一定要经常检查、清洗，确保操作的规范。尤为注意的是，炉旁不应放置易燃物品，窗帘、布块、塑料袋等易燃物品一定不要放置。

（7）使用高压锅时，用多少水一定要遵照说明书指示严格使用，并留意计时，以免烧焦食物。

（8）油溅在地上须立刻抹掉；松脱或翘起的磁砖也须重新粘牢，以防绊倒。

（9）不要用湿布或薄布抹烤炉膛。

（10）炊炉火头不要开得太大。火舌在锅的边缘缭绕，这是很危险的。

（11）空塑料袋和食物袋一定要较好地收藏，以免小孩拿到，套在头上玩耍而窒息。

（12）漂白剂、消毒剂之类有毒的用品放在高架子上或有锁的柜内，使小孩拿不到。不要把有毒液体盛在食物容器里或者和食物一起贮藏。

（13）一定要注意的是，刀子等危险物品一定要放在小孩拿不到的地方。

（14）厨房壁柜的门打开后要随手关上。柜门的尖角容易把人碰伤，齐眼高的就更加危险。

（15）大型电气用具如冰箱、洗衣机、滚筒干衣机等，提防小孩子可能钻进去。幼儿闯进这些物品里面不能逃出来，这是十分可怕的。

（16）在厨房中，如插头、电源线或接头弄湿了，此时一定要截断电源，把湿的部分里里外外完全弄干才可继续使用。

（17）如果手是湿的，一定不要触摸电气用具的开关。

（18）熨衣服的时候如要暂时离开，此时应该把熨斗关掉。衣服熨好后，须把熨斗放在小孩碰不到的地方冷却。

别让浴室成为"祸地"

案例

　　小敏刚洗完澡，还没来得及把卫生间浴缸里的洗澡水放掉，就听到电话铃响了。此时的小敏匆匆赶去接电话，完全没有注意到 3 岁的儿子正在干什么。当她讲完电话，发现儿子摔倒在浴缸里，正在水中挣扎。此时惊慌的她一把提起儿子，手忙脚乱地一通查看。值得庆幸的是儿子只是喝了两口水、受了点儿惊吓，并无其他大碍。抱着因惊吓而大声啼哭的儿子，小敏的心里难过极了……

　　在家里的浴室里，浴缸里滑倒的事故经常发生。儿童遭溺的意外不是十分常见，但也要注意防范。

　　（1）浴缸表面或淋浴间的地面如果十分光滑，应铺上浴室专用的橡胶垫，或粘上防滑的添加材料，以防滑倒。

　　（2）在浴缸旁的墙上装设扶手，对上了年纪的人以及一些浸浴后站起时会头晕的人，这是尤为重要的。

　　（3）如有淋浴设备，最好装一个恒温器，这样做的好处是可以防止烫伤。

　　（4）浴室的电灯、热水器及其他电器由浴室外的开关控制，或由装在天花板的拉绳开关控制，这样就不会同时接触水和开关。

　　（5）一定要记住，千万不要在浴室之内使用交流电电器，例如交流电收音机等。水蒸气会在收音机壳内外凝结，引致机壳导电，这种情况下一碰就会触电。

（6）溅了水的地面要在第一时间内及时抹干，以防滑倒。

（7）在地上铺的垫子，其底部必须能吸附地板，不会轻易滑移。

（8）不要把小孩独自留在浴缸或浴盆里。如一定要暂时离开，须把小孩也带出来，用毛巾包裹，以免着凉。

（9）使用气体燃料热水炉的浴室，空气的流通至关重要，良好的空气流通性能可以避免一氧化碳中毒。

（10）假如需要贮水，贮水的水桶须盖好，并且放在小孩碰不到的地方。

（11）洗衣机门要经常保持关闭状态，防止小孩伸手进内接触机件。

（12）如在浴室、厕所的门装插销，位置要高些，以免小孩触摸，把自己反锁在里面。钥匙一定要妥善保管。

（13）不要把漂白剂或以漂白剂为主的洗涤剂和其他厕所清洗剂混合，否则可能产生有毒气体。

煤气安全不可忽视

煤气的使用给人们的生活带来了极大的方便。应该看到的是，煤气使用不当或者是管理不周都有可能导致煤气中毒事故的发生。

煤气是一种无色、易燃、易爆和有毒的气体。煤气一旦泄漏，很难被人们发现。煤气与空气混合，易形成爆炸性混合物，一遇明火即发生燃烧爆炸。在日常生活中，煤气的安全使用常识我们一定要谨记于心。

（1）煤气用户一定不要抱有侥幸的心理，贪图便宜，而是应该选择正规厂家的、经检验合格的煤气用具。当然也不能用液化气、天然气用具代替煤气用具来使用。

（2）煤气用具和设备应由煤气公司专业人员设计安装，在进行房屋整修时一定要注意不得擅自拆、迁、改和遮挡封闭煤气管道设施，严禁将煤气设施封在墙壁、壁橱、水池及其他封闭的设施内，这样可以避免酿成大祸。

（3）新开煤气用户在首次使用煤气前，接受安全使用煤气教育是必不可少的，《安全使用煤气必读》一定要认真阅读。初次使用管道煤气不能自行点火，一定要请煤气专业人员点火、试气，用户不得私自开启阀门、点火。

（4）使用煤气时应保持室内通风换气良好，这样可以防止烟气中的一氧化碳中毒；并且在使用煤气做饭时，锅、壶内的水或者食物不要盛得太多，防止水沸后溢出锅外，将火焰熄灭，使煤气继续扩散。

（5）使用燃气具时要先点火后开旋塞，点燃后发现燃烧不好应及时调整空气调节板，使火焰呈蓝色，但不要让火焰脱离灶具。一定要牢记的是，在煤气使用过程中，人不要长时间离开灶具，防止风吹、汤水等将火焰熄灭，从而酿成灾难性事故。

（6）煤气设备上一律不能吊挂重物或连接电器设备的接地线，不准用金属器械敲打煤气设施，以免因煤气管道设备受损引起火灾、爆炸等事故。

（7）用户一定要随时检查煤气是否泄漏。如发现煤气泄漏，应立即关闭煤气阀门，打开门窗进行通风。一定要记住的是，禁止使用排风扇或抽油烟机进行通风。除此之外，应在第一时间内通知煤气公司派人来检查、修理。

（8）一旦发现邻居家煤气泄漏，应用手敲其门窗通知。记住，一定不要使用门铃或电话，并在最短的时间里通知物业部门或煤气公司。

（9）在平时一定要注意教育、看管好儿童不要玩弄煤气旋塞。对患有精神疾病或生活自理能力弱的人，监护工作一定要做到位，严禁独自使用煤气。

（10）使用管道煤气的房间不得和其他火源、气源同时使用。

（11）严禁在煤气设施安全范围内挖沟取土、植树、搞建筑物、堆放物料、爆破、钻探等行为。

（12）居民用户如需要改动室内煤气管道时，必须由煤气公司专业人员进行施工改造，一定不能私自进行改造，以免发生危险。

安全用电警钟长鸣

科学技术是一把双刃剑，其实电能何尝不是如此呢？电能的两面性体现在它既能为我们的生产和生活带来方便和效率，在一定的条件下也能够给人们的生命财产带来严重的灾难。这里所说的"条件"就是安全用电意识不强，违反安全用电规程。我们还是先来看看以下几个典型的事例吧。

2012年11月13日，王某发现客厅的荧光灯不亮，于是自己进行修理。他将桌子拉好，准备将荧光灯拆下检查是哪里出了毛病，在拆荧光灯过程中，用手拿荧光灯架时手接触到带电的相线（俗称火线），被电击，由于站立不稳，从桌子上掉了下来。

2013年5月5日，某地的一对孤寡老人因使用电热毯而引发大火，致使这对老人一死一伤。转瞬之间，一个鲜活的生命就被大火吞噬了。据初步调查，老人在睡觉之前没有拔下电源插头，火灾可能缘于电热毯内的线路老化，由于受潮造成短路而引发了火灾。

王某买来一台400毫米台扇，插上电源。当手刚碰到底座上的电源开关时，就发出一声惨叫，人当即倒地，外壳带电的电扇从桌子上摔下，压在触电者胸部。正在隔壁房间午睡的儿子闻声起来，发现妈妈触电，立即拔掉插头，并且呼喊邻居来救人。由于天气炎热，触电者只穿短裤汗衫，赤脚着地，触电倒地后，外壳带220伏电压的电扇又压在胸部，所以王某因心脏流过较大电流而当即死亡。后来仔细检查，电扇和随机带来的导线、插头绝缘良好，接线正确，问题出在插座上。由于插座安装者不按规程办事，误把电源相线接到三眼插座的保护接地插孔，而随机带来的插头是按规定接线的，将电扇的外壳接在插头的保护地桩头上。这样当插头插入插座后，电扇外壳便带 220 伏电压，造成触电死亡的事故。

上述事例只不过是电气事故的冰山一角，但足以引起我们安全意识的警醒！在各类火灾原因当中，由于电气原因引发的火灾居于各类火灾之首。据统计，每年我国因家用电器造成触电死亡人数超过 1000 人。因此，安全使用家用电器首先是防止人体触电。触电会严重危及人身安全。

数字是沉重的，教训更为深刻！从电能惠及人类社会的那一天起，人类就企图在为这只"猛虎"设置道道笼障。如今，从理论阐释到电力装备，从技术规程到管理水平，都为安全用电打足了"保险"。那为什么还有人仍然一而再、再而三地遭受其害呢？这主要是我们的用电安全意识不够强烈。任何事后的反思和警醒，都显得代价太过沉痛，因此常鸣安全用电的警钟，让类似的悲剧不再重演，才不失为我们远离电能伤害的生存智慧。

触电急救八字诀

案例

　　某地电压不稳，导致许多家庭的熔丝（俗称保险丝）烧断。在居民们自行检修电路时，由于方法不当，王家和张家有人触电倒地。两家由于采取了不同的抢救方法而导致两种截然不同的结果。王家请来一辆面包车，将触电者直送医院。20分钟后，尽管医生想尽了办法，人还是未能抢救过来，医生说来得太迟了，失去了最佳抢救时机。而张家的那位触电者，在被人抬往医院的途中，遇到一位电工。电工命令其进行就地抢救。2分钟后，触电者心跳恢复了。又过了2分钟，触电者恢复了呼吸。此时，这位电工才让人将伤员抬往医院，两天后伤员痊愈出院，而且没有留下任何后遗症。

　　看来，生命不仅掌握在医生的手中，而且有时同样掌握在我们每个人的手中。只要我们掌握了必要的触电急救知识，就可明显地提高抢救的成功率，把死亡率和伤残率降到最低限度。

　　现场紧急抢救触电者的原则可归纳为八个字：迅速、就地、准确、坚持。

1. 迅速

　　触电时间越长，造成触电者死亡的可能性越大。迅速原则要求争分夺秒使触电者脱离电源。脱离电源的方法视具体情况而定，如迅速远离电源、迅速拉开电源刀闸；用绝缘竹竿挑开断落的低压电线；如遇高压线断落，要迅速用电话通知供电局停电。只有触电者迅速脱离电源后，才能实施抢救。拖延时间会导致触电者伤情加重或死亡。

2. 就地

就地原则要求发现触电者呼吸、心跳停止时，必须在现场附近就地抢救，千万不要长途送往供电部门或医院抢救，这样会耽误最佳抢救时间。应当记住，在触电者停止呼吸、心跳后分秒必争地就地抢救，救活的可能性才较大。统计资料指出，触电后 1 分钟开始救治者，90% 有良好效果；触电后 12 分钟开始救治者，救活的可能性就很小。

3. 准确

准确原则要求采用人工呼吸法和胸外按压法的动作、部位必须准确，动作必须规范。如果不准确，不规范，要么是救生无望，要么是实施胸外按压时把触电者的胸骨压断。

4. 坚持

坚持原则要求只要有百分之一的希望就要尽百分之百的努力去抢救。触电者失去知觉后进行抢救，一般需要很长时间，必须耐心持续地进行。只有当触电者面色好转，口唇潮红，瞳孔缩小，心跳和呼吸逐步恢复正常时，才可暂停数秒进行观察。如果触电者还不能维持正常心跳和呼吸，则必须继续进行抢救。有救了 7 个小时才把触电者救活的事例。应当记住，在医务人员未接替救护前，不应该放弃现场抢救，更不能只根据没有呼吸或者脉搏，擅自判定触电者死亡，放弃抢救。只有医生才有权做出触电者死亡的判定。

触电后，医生来前做什么

案例

　　2011年10月21日上午11点左右，王某准备用电饭煲做饭，刚一插上插头，家中就突然断了电。丈夫程师傅马上打开配电箱进行修理，却不幸触电。医院病床的程师傅叙述他被触电经过时回忆说，"我右手拿螺钉旋具，左手拿着电线准备接线，听到'砰'的一声，我整个人被弹出了四五米远。"

　　在生活中，我们发现有人触电，理所当然应立即通知医院派救护车来抢救，即使触电者神志比较清醒也应送医院检查。在医生到来之前，现场人员应立即根据触电者受伤情况采取相应的抢救措施，绝不能坐等医生或电工的到来。能否及时采取正确抢救措施，直接关系到触电者的生与死。触电急救包括以下三个方面的内容。

　　（1）使触电者脱离电源。

　　（2）脱离电源后，立即检查触电者的受伤情况。

　　（3）根据受伤情况确定急救方法。

　　围绕这三个方面的内容，现场人员需要立即做的工作很多。当然，急救也要讲步骤、讲方法，先救命后治伤。不能手忙脚乱，更不能忙中出错。

　　例如，检查受伤情况时，首先要判断触电者神志是否清醒，如神志不清，下一步则迅速判断其有否呼吸和心跳。确保其气道通畅也是必须首先应做的

89

工作。如果触电者心跳、呼吸均停止并伴有其他伤害时，则应先进行心肺复苏，此时一般不去处理外伤。

如果触电者神志清醒、呼吸心跳正常，在保证让他就地平卧安静休息的前提下，可检查有否骨折、烧伤等其他伤害。如有其他伤害，应做一些应急处理。

此外，如果急救车不能开到触电地点，还应做好转移伤者的一切准备工作，如准备担架、安排运送抬伤员的人、派人通知触电者家人等。

如果急救车不熟悉路线，还要派人在约定的地点去接应。

护送伤员的方法非常重要，如果护送不得当，可能加重病情，甚至造成神经、血管损伤、终身残疾或死亡。因此，护送伤员最好由有经验的人担任，若有医务人员在场，则应由医务人员护送。护送时必须注意以下几点：

（1）护送前，对伤员应先做初步急救处理，如包扎出血伤口或其他必要的紧急处理。

（2）按病情决定适当的护送方法。运送骨折伤员时，要根据骨折的部位采取不同姿势。对于脊椎骨折的伤员，应将其平放在担架上；上肢或下肢受伤时，应使伤员身体侧向未受伤一侧；腹部受伤时应仰卧。

（3）护送时，伤员头部应在后，脚在前，以便随时注意伤员的面部表情，以利及时抢救。

（4）在上坡路上行走时，头在前，担架要前低后高，下坡时则相反。

（5）运送伤员时，动作要稳、迅速，避免摇晃震动。对休克伤员，要头低脚高。

（6）如用汽车转送，病人身体要与车的前进方向垂直而横卧。

安全使用电饭煲

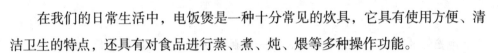

在我们的日常生活中，电饭煲是一种十分常见的炊具，它具有使用方便、清洁卫生的特点，还具有对食品进行蒸、煮、炖、煨等多种操作功能。

使用电饭煲时，以下几个问题一定要特别加以注意：

（1）电源安全可靠至关重要。电饭煲属发热器件，且功率较大，所用电源线及插座的额定电流应不小于 5 安；接插处应良好接触。用线过细、接触不良或漏电等均会留下安全隐患，这是值得特别注意的。

（2）电饭煲一定要使用带外壳接地线的三脚插头，以确保使用安全。煮饭时，先插入外煲插头后再接通电源，这样可以防止因为电饭煲漏电引起触电事故。

（3）电饭煲使用后，除锅盖和内胆外，其他部分不要用水冲洗。否则，会降低电气部分的绝缘性能，再使用时十分容易发生漏电现象。

（4）平时煮饭前一定要将锅内的残留物及时洗净，定期清除锅底内外面及发热盘上的焦黄色氧化物，以增加锅底导热性能。清除脏污时可用粗糙的抹布蘸少许食醋反复擦拭，直到锅底露出亮洁的金属本色。

（5）每次取出内锅时要轻拿轻放，这样可以防止锅底受碰撞变形。放回时要察看锅底并及时将粘连的异物擦掉，锅底变形或粘连异物均会导致锅底与发热盘不吻合，从而使电饭煲的热传递大大降低。

（6）不要用电饭煲烧开水。电饭煲与电水壶有所不同，电水壶的加热管浸在水中，热传递快且断电后余热较小；而电饭煲采用发热盘进行间接加热，不但需要较长的预热时间，而且发热盘本身热损耗也较大。长期当电水壶使用会在锅内表形成一层水垢，从而降低热传导效率，大大延长通电时间。

安全使用电磁炉

　　电磁炉通常又被称为电磁灶，是一种新型灶具，完全区别于传统的有火或无火传导加热厨具，使用时具有无烟、无气味、无明火、没有燃料残渍和废气污染等众多优点，而且只要设定好温度和时间，到时就会自动断电，使用起来安全环保。不过，电磁炉在使用中也有许多值得注意之处。

1. 电源线要符合要求

　　电磁炉的功率比较大，在配置电源线时，应选能承受 15 安电流的铜芯线，配套使用的插座、插头、开关等也要达到这一要求。这是因为，电磁炉工作时的大电流会使电线、插座等发热甚至是烧毁。如果条件允许的话，最好在电源线插座处安装一只保险盒，以确保安全。

2. 放置要平整

　　放置电磁炉的桌面一定要平整，特别是在餐桌上吃火锅时更应倍加小心。如果桌面不平，使电磁炉的某一脚悬空，使用时锅具的重力将会迫使炉体强行变形甚至损坏。应该意识到的是，如桌面不平，当电磁炉对锅具加温时，锅具产生的微振也容易使锅具滑出而发生危险。

3. 保证气孔通畅

工作中的电磁炉随锅具的升温而升温。在这种情况之下，在厨房里安放电磁炉时，应保证炉体的进、排气孔处没有任何物体的阻挡。炉体的侧面、下面不要垫（堆）放有可能损害电磁炉的物体、液体。

4. 锅具不可过重

电磁炉的承载重量是有限的，一般连锅具带食物不应超过 5 千克，而且锅具底部也不宜过小，以使电磁炉炉面的受压之力不至于过重、过于集中。如果一定要对超重、超大的锅具进行加热时，应对锅具另设支撑架，然后把电磁炉插入锅底。

5. 清洁炉具方法要正确

在清洁电磁炉台面时，应该在电磁炉完全冷却后进行，可使用少量中性洗涤剂擦拭。一定要注意的是不能使用强力除油垢剂，不能用金属刷子刷洗面板，因为这样可以降低其机械性能。对于正在使用或刚使用结束的炉面，不要马上用冷水去擦。

6. 按按钮要轻、果断

电磁炉的各按钮属轻触型，使用时手指一定不要过于用力，要轻触轻按。当所按动的按钮启动后，手指应该尽快离开，千万不要按住不放，以免对簧片和导电接触片带来损伤。

正确应对电梯事故

在现代社会中，电梯的使用十分普遍，因此，电梯事故也就无从避免。以下为电梯事故的自救方法：

（1）求助并等待救援

一旦发生被困电梯的情况，一定要在第一时间内按下电梯内部的紧急呼叫按钮，这个按钮电话一般会跟值班室或者是监视中心连接，此时唯一可以做的就是等待救援。被困电梯时，一定要想各种方法让外界知道，可以大声呼叫，或者拍打电梯门。在有些大城市，它跟110指挥中心是联动的，打110求助电话也可以取得呼救的效果。

（2）保持体力

在救援者尚未到来期间，被困者不要不停呼救，而是要尽量保持体力，耐心等待救援。

（3）撬门、趴窗，不可取

被困在电梯时，乘客一般都会比较慌张，都希望以最快的速度离开故障电梯。在这种情况之下，有些被困乘客会强行撬门或者打开电梯顶部的天窗逃生。那么，这样做到底安全吗？电梯在出现故障时，门的回路方面，失灵的情况经常都会发生。这时，电梯可能会异常启动，如果强行扒门就很危险。因此，在电梯门暂时无法打开的情况下，一定要等专业救援人员协助，断电停机后，被困人员才可以从天窗逃出。

（4）坠落、窒息，无须担心

很多乘客都有这样的担忧：发生故障的电梯很可能会发生坠落的情况，其实这样的担心是完全不必要的。电梯有一套防坠落系统，包括限速器、安全钳以及底部的缓冲器。一旦发现电梯超速下降，限速器首先会让电梯驱动主机停止运转。如果主机仍然没有停止，限速器就会提升安全钳使之夹紧道轨，强制轿厢停滞在轨道上。除此之外，在一定速度内如果直接撞击到缓冲器上，轿厢也会停下来。轿厢不管通过哪种方式停下来，对人造成的伤害都是很有限的。

平时，我们在乘坐电梯时也应该注意以下一些事项：

（1）乘客在乘梯时应该看清电梯轿厢是否在本层，不可盲目跨入，防止层门开着而轿厢不在本层以至造成跌入井道事故。

（2）乘客不要用身体去阻止电梯关门，或背靠安全触板。

（3）儿童不要单独乘坐电梯，乘坐电梯一定要有成人陪同。

（4）发生火灾和地震时，切勿乘坐电梯。

夏季防暑十二招

人持续在高温条件下或受阳光暴晒的情况下很容易发生中暑，中暑经常发生在烈日下长时间站立、劳动、集会、徒步行军时。轻度中暑会感到头昏、耳鸣、胸闷、心慌、四肢无力、口渴、恶心等症状；重度中暑可能会有高烧、昏迷、痉挛等情况。

中暑的后果是很严重的，因此我们很有必要对防暑的措施进行了解。

（1）夏季的天气闷热异常，酷暑难耐，出门时要穿透气性好、浅色的棉质或真丝面料衣服。烈日下长时间骑自行车者，一定要穿长袖衬衫。

（2）出门时要做好防晒工作，如戴太阳镜、遮阳帽或使用遮阳伞，尽量避免长时间的日照。

（3）长时间在户外工作的人员，防暑药品一定要记得随时携带，如十滴水、人丹等。

（4）高血压、冠心病、脑血管硬化等患者不要长时间待在空调房间中，以防旧病发作或使原有病情加重。

（5）蛋白质的补充一定要及时，摄取量应在平时的基础上适量增加。可以选择新鲜的鱼、虾、鸡肉、鸭肉等脂肪含量少的优质蛋白质食品，除此之外，还可以多吃豆制品等富含植物蛋白的食物。

（6）出汗过多时，在补充水的基础上还应适当补充一些钠和钾。钠可以通过食盐、酱油等补充，香蕉、豆制品、海带等的含钾量通常较高。

（7）多吃各种瓜类食物，如冬瓜、丝瓜、苦瓜、黄瓜和南瓜。多吃凉性蔬菜，如番茄、茄子、生菜、芦笋等。多吃苦味食品，如苦菜、苦丁茶、苦笋等。

（8）夏季天气炎热，出汗量大大高于其他季节，体内水分流失严重，要随时喝水以补充水分，不要等口渴了再喝。

（9）在夏季，我们会常吃冷饮，以达到降温去热的目的，其实，这种做法不可取，因为这样会对我们的身体造成十分严重的危害。不要多吃冷饮，以免胃肠道血管收缩，影响消化功能。

（10）尽量不要饮用烈性酒。

（11）经常洗澡或多用湿毛巾擦拭皮肤，也可以达到防暑降温的目的。

（12）夏季时节充足的睡眠是必不可少的，合理安排作息时间，才会保持旺盛的精力。

此外，我们还有必要了解的是，如果发现自己和其他人有先兆中暑和轻症中暑表现时，第一要做的是迅速撤离引起中暑的高温环境，并在阴凉通风的地方休息，此时还可以多饮用一些含盐分的清凉饮料。接下来，可以在中暑者的额部、颞部涂抹清凉油、风油精等药物，或服用人丹、十滴水、藿香正气水等中药。如果出现血压降低、虚脱时应立即平卧，及时上医院静脉滴注盐水。对于重症中暑者除了立即把中暑者从高温环境中转移至阴凉通风处外，还应该迅速将其送至医院，同时采取综合措施进行救治。

突然晕厥了怎么办

晕厥又称昏厥，指突然发生的短暂性意识丧失状态。晕厥发作时多因肌张力降低，不能维持正常姿势而突然倒地，短时间内能迅速恢复，少有后遗症。

晕厥的发生原因主要是短暂性脑供血不足。正常的脑血流量为 45～50 毫升/（100 克·分钟），维持人体意识水平所需要的最低限度为 30 毫升/（100 克·分钟），当脑血流量突然降到此值后就可发生晕厥。

典型的晕厥发作可分为三期。晕厥前期：病者往往先觉得头昏或头重脚轻，继而恶心，耳鸣，眩晕，面色发灰或苍白，黑蒙、出汗或手足发凉。持续时间约几秒到 10 秒。晕厥期：意识丧失，肌张力消失，病者倒地，血压下降，瞳孔散大，光反射减弱，腱反射消失，可有尿便失禁。常持续约几秒，若意识丧失时间更长，超过 15～20 秒可发生抽搐。晕厥后期：病者意识恢复（数秒至数分钟后），对周围环境能正确理解，仍有软弱无力，面色苍白，出汗，恶心。有的因紧张而过度换气，可有头痛，心动过缓；少数有轻度精神错乱。

如果有人突然昏厥了，应采取以下措施：

（1）无论什么原因发生的晕厥，在出现先兆或晕厥发作时都应立即让病者就地平躺，双脚略微抬高，解开领扣，保持呼吸舒畅。

（2）有氧条件的应予以吸氧。

（3）注意排痰，有呕吐者应将头偏向一侧，以防窒息。

（4）苏醒后可给予温水或糖水以促进恢复。

（5）如果病者感觉乏力应尽可能在地上卧 30 分钟以上，以防复发。

常见的食物中毒

目前，常见的食物中毒多为细菌性食物中毒。生活中常见的食物中毒有以下几种。

（1）由沙门氏菌引起的食物中毒。这种细菌主要污染肉类、鱼类、禽、蛋类，在70℃条件下，5分钟内可全部被杀死。因此，预防方法主要是加热。在炖煮肉、禽类食品时，要尽量将块切得小些，食物要充分煮熟、煮透。喜爱吃烧烤食品的朋友们在烤肉时要把肉彻底烤熟。吃剩的食物在存放冰箱时，温度应控制在4℃以下。

（2）由葡萄球菌引起的食物中毒。此类细菌主要污染乳类、蛋类制品，在剩饭、剩菜中也大量存在。这种细菌为人体本身所具有，可在高温加热条件下被杀灭。因此吃剩的饭菜即使在低温条件下贮存也不宜超过4小时，剩饭菜必须重新加热后再食用。在食用冰淇淋、牛奶等制品时要注意食品的新鲜、卫生。

（3）由肉毒杆菌引起的食物中毒。这种细菌主要污染腌菜、酱菜、豆酱、豆豉、罐头等发酵食品。其可在密封、没有氧气的条件下生长，但在盐量达14%时可被有效控制。所以在腌渍食品中维持一定的盐量可有效杀死细菌。

（4）由志贺氏菌引起的食物中毒。此类细菌主要存在于蔬菜中。特别是凉拌菜，由于不能进行加热杀菌而大量存在。所以做菜时一定要注意个人卫生，做菜前一定要洗手；炒菜要烧熟；做凉拌菜时，生菜要洗净，有条件的话生菜要尽量焯一下。同时注意不要喝生水，不吃腐烂、变质的蔬菜。

（5）由副溶血性弧菌引起的食物中毒。这种细菌主要污染海产品、鱼虾、贝类等，在加工、制作海产品的饭店、食堂的案板上污染机会很高。这种细菌有一个特点：在醋中5分钟可全部被杀死。因此，在制作、加工海产品时要特别注意生、熟分开，食物要加热熟透。必要时在海产品中适量加醋有助于杀灭细菌。

　　此外，我们大家所熟识的一般常识，如一些食物的不当搭配、混和，扁豆、四季豆等未烧熟，土豆发芽等均可引起食物中毒。同时，一些蔬菜中的硝酸盐含量较高，这些蔬菜由于受到细菌的污染而生成亚硝酸盐也可造成中毒，所以腌制蔬菜时最少要腌制20天以上才可食用。同时，蔬菜腐烂变质也可使亚硝酸盐含量增加，所以不宜放置时间过长。

如何预防食物中毒

食用了不利于人体健康的物品而导致的急性中毒性疾病我们通常称之为食物中毒。食物中毒通常都是在不知情的情况下发生的。食物中毒是由于进食被细菌及其毒素污染的食物，或摄食含有毒素的动植物如毒蕈、河豚等引起的急性中毒性疾病。变质食品、污染水源是导致食物中毒的根源，不洁手、餐具和苍蝇是主要传播途径。

在日常生活中，我们可以采取哪些措施预防食物中毒呢？

（1）不要随便吃野果，吃水果后不要急于喝饮料尤其是水。

（2）在刚刚做完剧烈运动后不要急于吃食品、喝水。

（3）不到无证摊点购买油炸、烟熏食品。

（4）挑选和鉴别食物十分重要，一定不要购买和食用有毒的食物，如河豚鱼、毒蘑菇、发芽土豆等。

（5）烹调食物要彻底加热，做好的熟食要立即食用，贮存熟食的温度要低于7℃，经贮存的熟食品，彻底加热是至关重要的。

（6）避免生食品与熟食品接触，不能用切生食品的刀具、砧板再切熟食品。生、熟食物要分开存放。

（7）一定要避免昆虫、鼠类和其他动物接触食品。

（8）到饭店就餐时要选择有《食品卫生许可证》的餐饮单位，不在无证排档就餐。

（9）不吃毛蚶、泥蚶、魁蚶、炝虾等违禁生食水产品。

（10）不买无商标或无出厂日期、无生产单位、无保质期限等标签的罐头食品和其他包装食品。

（11）按照低温冷藏的要求贮存食物，控制微生物的繁殖。

（12）瓜果、蔬菜生吃时要洗净、消毒。

（13）肉类食物要煮熟，防止外熟内生。

（14）不随意采捕食用不熟悉、不认识的动物、植物（野蘑菇、野果、野菜等）。

（15）腐败变质的食物一定要严禁食用。

除以上列举之外，还要谨慎选购包装食品，认真查看包装标识；查看基本标识，厂家厂址、电话、生产日期是否标示清楚、合格；查看市场准入标志（QS）。

第四章　大火灾害猛于虎——消防安全

TIAN DUN AN FANG

火灾是威胁公共安全、危害人民生命财产的一种多发性灾害，而且它一旦发生就会对居民的生命财产安全造成严重的后果，使好端端的幸福家庭毁于一旦，家破人亡。积极了解家庭火灾的主要隐患，增强防火意识，掌握火场自救与逃生知识，是现代家庭必备的常识。

2010年7月28日10时11分左右，扬州鸿运建设配套工程有限公司在江苏省南京市栖霞区迈皋桥街道万寿村15号的原南京塑料四厂旧址平整拆迁土地过程中，挖掘机挖穿了地下丙烯管道，丙烯泄漏后遇到明火发生爆燃。截至7月31日，事故已造成13人死亡、120人住院治疗（重伤14人）。事故还造成周边近2平方公里范围内的3000多户居民住房及部分商店玻璃、门窗不同程度的破碎，建筑物外立面受损，少数钢架大棚坍塌。

2013年1月1日3时左右，浙江省杭州市萧山区瓜沥镇空港新城永成机械有限公司发生火灾，过火面积约6000余平方米。在灭火救援过程中，3名消防官兵牺牲。

2013年5月31日下午，中储粮黑龙江省林甸直属库发生火灾事故，共有78个储粮囤表面过火，储量4.7万吨，直接损失高达8000万元。

2013年6月2日，中石油大连石化分公司发生了油渣罐爆炸事故，造成2人失踪，2人重伤。到2日18时，来自医院方面的消息说，受伤的2人生命垂危。据不完全统计，这至少已经是过去4年来中石油在大连发生的第六起火灾（爆炸）事故。

2013年6月3日6时6分，吉林省德惠市米沙子镇宝源丰禽业有限公司生产车间发生火灾。截止到15时20分，共造成112人遇难的严重后果。

以上例举的火灾事故仅是近年来火灾事故的冰山一角，从此我们可以看出无论是对于国家还是人民群众来说火灾的危害都是巨大的。总之，无数血的教训告诉我们，只有我们人人都树立起防火意识，才能更好地减少和避免火灾的发生。

了解火灾发生的时段

我们都听说过"天干物燥，小心火烛"这句话，它的意思就是说，在天气干燥的时候，用火一定要格外小心。这句话告诉我们火灾跟季节气候有很大的关系。

一般来说，冬季是我国北方地区火灾的高发期。在我国北方，冬季火灾大约占全年火灾的一半。这是因为冬季干旱，空气干燥，可燃物质的水分含量较少，林中枯草落叶沾火就着。而冬季需要取暖，如果是集中供暖，则暖气站烧的锅炉无疑是一个安全隐患，如果是用电取暖，则容易造成电线短路等，引发电力火灾，如果是自家烧炉取暖，更容易一时疏忽引发火灾。冬季的极端气候比较多，雨、雪、大风等都容易造成电路故障，也是火灾多发的一个重要原因。另外，在冬季，工厂里的可燃性粉尘很容易同空气混合，发生粉尘爆炸。而可燃性气体、易燃性液体，在干燥的环境中则容易发生静电火灾。

夏季是南方地区更容易发生火灾的季节，因为夏季的南方地区，气温很高，很多本来着火点就不高的东西，在那种高温的天气下，非常不稳定，随时可能成为火灾的推手。比如稻草堆、汽车，很可能就会发生自燃。当然，温度高导致的一个必然的结果就是用电量大。家家户户、每个单位的空调都要全天候运转，而由于天气热，人们睡觉时间减少，使用电脑、电视的时间相应增加，同样会加大用电量。用电量大的一个直接恶果就是造成输电线路过载，引发电力火灾。

北方的秋季也是个不容忽视的火灾多发季节，因为秋季天气干燥，而且大风天气非常多，再加上又是叶落的季节，可燃物遍地都是，扫都扫不及，因此秋季发生火灾也不可小觑。

除了季节对火灾发生率的影响，其实还有一些特殊时段的火灾发生率也是很高的。

在一年中，最容易发生火灾的日子是农历大年初一。燃放烟花爆竹是此时火灾发生的突出根源。据公安部统计，2011 年除夕，全国共发生火灾 2512 起，直接财产损失 774 万余元，出动消防车 7572 辆，抢救、保护财产价值 5363 万余元，出动官兵 43205 人，公安消防部队接警出动 3658 起。

在一个星期中，最容易发生火灾的时间是周末。据统计，美国近 10 年间，共发生特大火灾 363 起，其中大多数发生在星期六或星期日夜间。我国的特大火灾也多发生在这个时间，周末举行聚会、活动后，人们对火源、电源、气源疏于检查是导致火灾的常见原因。

在一天 24 小时中，最容易发生大火的时间是凌晨 1 点至 4 点。这个时段大部分人的生物钟处于睡眠期，警觉的部分趋于停止工作状态，在这个时段从事工作，不仅效率低，而且容易发生误操作。忙碌了一天的人都休息入睡，如果对火源、电源管理不善，或者对易燃物疏于管理，就可能引发火灾。熟睡了的人们对初起的火灾往往反应较慢，待火焰燃起、烟雾扩散的时候，就可能已失去逃生良机。

了解季节以及一些特殊时段对火灾发生率的影响，对我们防范火灾很有意义。在天气干燥或者面临极端气候的时候，改变不好的用火用电习惯，及时发现火灾隐患，对火灾保持敏感和警惕，是挽救财产损失以及自己和他人生命的重要方法。

常见"三大"灭火法

发生火灾时，物质燃烧必须同时具有可燃物、助燃物和有导致着火的火源3个条件。灭火原理与此有关。一般而言，灭火法有以下三种：

（1）冷却灭火法。它是最常用的灭火方法，通过喷洒一定灭火剂吸热或采用其他物理方法使可燃物的温度降低至该物质可燃温度或闪点以下，从而使燃烧自然中断（熄灭）。常用的以冷却为主要灭火作用的有水和二氧化碳灭火剂。

（2）窒息灭火法。它的灭火原理是阻止空气流入燃烧区或用惰性气体稀释空气，使燃烧物得不到足够的氧气而熄灭。窒息灭火的方式有以下四种：

①采用石棉布、浸湿的棉被、帆布、沙土等不燃物或难燃物覆盖在燃烧物表面上，隔绝空气，使燃烧停止。

②采用水蒸气或惰性气体（如二氧化碳、氮气等）喷射到燃烧物上，稀释空气中的氧气，使空气中的氧气含量降低，致使火焰熄灭。

③设法封闭正在燃烧的容器的孔洞、缝隙及起火的建筑，使内部氧气在燃烧中消耗而得不到新的供应，致使火焰熄灭。

④利用建筑物上原有门、窗以及储运设备上的盖、阀等部件封闭燃烧区，阻止新鲜空气进入等。

此外，在万不得已而条件又允许的情况下，也可采用水或泡沫淹没（灌注）的方法灭火。

（3）隔离灭火法。这种灭火法将燃烧物质与附近未燃的可燃物质隔离或疏散开，使燃烧因缺少可燃物质而停止，不使燃烧蔓延。这种方法适用于扑救各种固体、液体和气体火灾。隔离灭火方式有以下四种：

①迅速将火场上的易燃、可燃、易爆物质和氧化剂，从燃烧区搬移到安全地点。

②拆除与燃烧区毗连的可燃、易燃建筑物。

③关闭可燃气体、液体管路和阀门，以减少和阻止可燃及助燃物质进入燃烧区。

④限制燃烧物的流散和飞溅。

哪些火灾不能用水去扑救

案例

2007年8月1日，一个外地人上门来购买李某的金属镁。李某为了向购买者证明自己金属镁的纯度，用打火机点燃了金属镁，从而导致了事故的发生。接到报警电话后，温岭市消防官兵用最快的速度赶到，先将围观的群众疏散，然后开展扑救工作。由于起火的金属镁是活泼金属，遇到水会燃烧甚至会爆炸，鉴于此种情况，这场火灾不能像一般火灾那样用水扑救，只能用干沙、水泥、干粉等扑救。

经过两个多小时的紧急扑救，火势得到基本控制，余下仍在燃烧的，消防部门当天下午会同镇政府、安监部门、环保等部门用黄沙覆盖后再进行了处理。

在现代社会中，火灾发生的频率是比较高的。只要遇见火灾，几乎每个人都会立即想到用水来扑救。但是，值得注意的是，有些火灾却是不能用水来扑救的，且越用水扑救，火势就会越旺，往往会造成更大的灾难，甚至带来无法挽回的损失。在这种情况之下，掌握专业的消防安全知识，对火灾的种类快速准确地做出判断，不同的火灾用不同的方法给予救援，会达到事半功倍的效果。

发生火灾时，不能用水扑救的火灾主要有以下几类：

（1）贵重的书画文物、重要的档案资料等，一旦着火切不可用水扑救。因为水会渍坏这些贵重的文物资料，从而造成无法弥补的损失。

（2）遇水燃烧物质不能用水扑救，如活泼金属锂、钠、钾，金属粉末锌粉、镁铝粉，金属氢化物类氢化锂、氢化钙、氢化钠，金属碳化物碳化钙（电石）、碳化钾、碳化铝，硼氢化物二硼氢、十硼氢等。

（3）熔化的铁水、钢水在未冷却之前，不能用水扑救，防止水出现分解，引起爆炸。

（4）在大多数情况下，不能用直流水扑救可燃粉尘，如面粉、铝粉、糖粉、煤粉等，防止形成爆炸性混合物。

（5）在没有良好的接地设备或没有切断电源的情况下，一般不能用水来扑救高压电气设备火灾，防止触电。

（6）一些高温生产装置或设备着火时，不宜用直流水扑救，防止突然冷却，引起设备破坏。

（7）储存有大量的硫酸、浓硝酸、盐酸等的场所发生火灾时，不能用直流水扑救，防止出现放热引起燃烧。

（8）轻于水且不溶于水的可燃液体火灾，不能用直流水扑救，防止液体随流散，促使火势蔓延。

遭遇火灾巧妙应对

在生活中，每当遇到火灾时，我们往往会表现出恐惧、紧张、无所适从的心理状态。在火灾面前，首先要保持镇定。特别是当你发现自己没有办法进行逃生时，切勿听天由命，应想方设法趴到或者滚到门边、墙边，以防被房屋烧塌时天花板砸伤。消防队员进入室内搜救时，通常是沿着墙壁进行搜寻，靠近门边或墙边的话，被消防队员发现的可能性较大。以下为遭遇火灾时应有的应对方法：

1. 保持冷静的头脑

不同的人由于心理素质等原因，其遇到事故时的表现会有所不同。有的人应急状态良好，大脑处于十分清醒的状态，他们就会积极地面对火情，采取有效地措施进行自救。有的人过度紧张，思维混乱，可能就会出现异常举动。比如火灾中有些人只想着推门而忘记了拉门，把墙当门撞击等。由此可见，在面对火灾时，保持冷静的头脑对减少火灾危害的发生是至关重要的。

2. 熟悉环境很重要

第一，我们要对所处的建筑环境有所了解。平时，我们要增强自己的危机意识，对经常学习或者居住的环境，事先制订一些可能的逃生计划，确定逃生出口、路线和方法等。当我们进入商场、宾馆等人群密集的公共场所时，要注意观察一下周围的环境、灭火器的位置等等，以便突发事件发生时能够采取积极、有效的措施。众多事故经验告诉我们：当到一个陌生环境的时候，应该先养成熟悉环境、了解通道的习惯，只有警钟长鸣，居安思危，时刻树立消防安全意识，才能处险不惊，临危不乱。

3. 迅速撤离是最好的方法

当发生火灾的时候，人们习惯认为此时火灾还并不严重，因此会花一些时间去寻找火灾发生的原因。证实原因之后，人们还要救护自己的家人，寻找财物。其实火场逃生是争分夺秒的行动，一旦听到火灾警报或者意识到自己被烟火围困的时候，或者出现如突然停电等异常情况时，千万不要迟疑，逃离火场越快越好，切记，不要为穿衣服或者贪恋财物而延误逃生良机，要树立时间的观念，只有时间才能救命，没有什么比生命更宝贵。另外，楼房着火的时候，要根据火势情况，从最便捷、最安全的通道逃生，例如疏散楼梯、消防电梯、室外疏散楼梯等。逃生时不要乘普通电梯。因为烟气会通过电梯井蔓延，或者出现突然停电电梯门打不开而无法逃生的情况。

4. 有序疏散，秩序不可或缺

如果在火灾的现场疏散中，看见前面的人倒下了，应该将倒下的人立即扶起，对拥挤的人应给予疏导或者选择其他疏散方法予以分流，减轻单一疏散通道的压力，竭尽全力保持疏散通道畅通，以最大限度地减少人员伤亡。另外，在公共场所的墙壁上、门口处，都要设置"太平门"、紧急出口、安全通道、逃生方向箭头等消防标志，被困人员看到这些标志的时候，会马上确定自己的行为，按照标志指示的方向逃生。

火灾逃生"四法则"

火场上，火势的大小不同、使用的器材不同等，其采取的逃生方法也会有所不同。接下来将介绍火场逃生几种常见方法。

第一，快速撤离危险区域。如果在火场上感觉到自己有可能被围困，应马上放下手中的工作，迅速逃离，设法脱险，切勿耽误逃生的最佳时机。在脱险的过程中，尽可能地观察、辨别火势状况，了解自己所处的环境，然后采取积极有效的逃生措施和方法。

第二，要选择安全的通道和疏散路线。逃生路线的选择，要按照火势情况的不同，选择最简便、最安全的通道。举个例子，当楼房起火后，安全疏散楼梯、消防电梯、室外疏散楼梯、普通楼梯等都属于安全通道。特别是防烟楼梯，则更为安全，在逃生过程中，可以充分利用。一旦上述通道被烟火堵塞，而且没有别的器材可用，就要考虑利用建筑物的阳台、窗口、屋顶、落水管、避雷线等脱险。

第三，使用防护器材。发生火灾时，会产生大量的烟雾和有毒气体。假如逃生人员被浓烟呛得很严重，就可以选择湿毛巾、湿口罩等捂住口鼻。没有水的话，使用干毛巾、干口罩也是可行的。穿过烟雾区时还要尽可能地将身体贴近地面行进或爬行穿过险区。

若是门窗、通道、楼梯等都被烟火堵住，可以选择向头部、身上浇些冷水或用湿毛巾、湿被单将头部包好，用湿棉被、湿毯子将身体裹好或穿上阻燃的衣服，再冲出危险区。

第四，自制救生绳，一定不要选择跳楼。在每个通道都被堵塞的情况下，一定要保持冷静，想方设法自制逃生器材。一般利用结实的绳带，或被褥、窗帘等，系在一起，拧成绳，并将其拴在牢固的窗框、床架或室内其他的牢固物体上，被困人员逐一沿绳缓慢滑到地面或下层的楼层内而顺利逃生。

若是被火困在二层楼内，在没有能力进行自救，并且没有人员来救援的情况下，也可以选择跳楼逃生。但在跳楼前，要尽量向地面抛下棉被、床垫等柔软的东西，再用手扒住窗台或阳台，身体下垂，自然下滑，以缩小跳落高度，并使双脚首先着落在抛下的柔软物上。

若是被烟火困在超过三层楼高的地方，切忌急于向下跳，由于距离地面较高，向下跳的话会导致重伤，甚至是死亡。

家庭火灾隐患多

现在，大家的生活条件都越来越好，家里的设备也都更新换代，越来越现代化了。这些现代化的设备给我们带来便利的同时，也伴随相当的危险性。

具体说来，家庭中的火灾隐患主要有以下三种：

（1）电。我们的家用电器无所不在，如果在电的使用上不注意安全，可能成为引发火灾的最主要因素。比如电线插头，如果它的质量不好，插线也不符合规范要求，就容易短路、打出火花、起火，如果在插头的周围又放了一些可燃物或者易燃物，火花很容易就会把可燃物引燃。

家用电器因为长期通电，过热以后，也可能引燃可燃物。比如电熨斗放在衣服上或者其他可燃物上，也可能引起火灾。

（2）气。我们家里现在一般都使用天然气或者煤气做饭，这样的确很方便，但会产生这样两种情况：一是点上天然气或者煤气以后，人离开了，火把锅里面的水烧干以后，锅的温度升高，就可能引燃它周围的可燃物。二是水溢出来，把火浇灭，然后可燃气体不停地从管道溢出，到达一定浓度后，遇到一点火星就会发生爆炸。这两种情况在平日里只要有所疏忽，就可能发生，因此，家庭火灾很多都是由可燃气体导致的。

还有就是管道老化的问题，如燃气管、橡皮管平时不注意维护，老化以后有些地方的接头处松动，造成天然气或者液化气泄漏，一遇明火，就发生爆炸、燃烧。

（3）火，就是直接的明火。直接的明火造成家庭火灾的案例也非常多，如烟头。有些人吸烟以后忘了把烟头掐灭或者根本就没有掐灭烟头的习惯，然后又随手将烟头扔在楼里，或者放在桌上，这样周围有可燃物就可能被引燃。

总而言之，电、气、火在方便我们日常生活的同时，也给我们带来了许许多多的火灾隐患。不过，只要我们了解它们，小心地使用它们，自然可以安全、幸福地生活。

家庭火灾的预防措施

家庭火灾一般是由于人们疏忽大意造成的，常常事发突然，令人猝不及防，后果很严重。那么，在生活中，我们该如何预防家庭火灾的发生呢？

（1）树立消防安全意识，搞好家庭防火常识教育

许多家庭消防意识淡薄，防灭火自救能力低下，时常因一些常识性的低级错误导致家庭火灾的发生、蔓延。因此，每个家庭成员都应该熟练地掌握一些基本的消防知识、消防器材设施的使用方法和火场逃生方法，一旦失火，能够迅速组织灭火扑救，阻止火势的蔓延。

（2）装修勿留隐患

在房屋装修过程中，一是不要为了节省金钱而忽略了防火问题，留下先天的火灾隐患；二是严禁将裸线直接埋在墙体之中带来隐患。

（3）注意管罐漏气

家庭使用煤气罐、管道煤气等，室内要具备良好的通风条件，并要经常检查，发现有漏气现象，切勿开灯、打电话，更不能动用明火，要迅速打开门窗通风，排除火灾隐患。液化石油气钢瓶要置于空气流通且便于操作和观察的空间。因为液化气钢瓶由于使用时间过长或质量不合格，以及煤气管路阀门的开闭连接等，都有可能造成漏气，泄漏的气体一遇明火便极易造成燃烧爆炸事故。

（4）加强电器维护检查，严禁电器不拔插头

近几年的家庭火灾中，因电气引发的约占一半，其一是家用电器缺乏保养。使用电炉、电热毯、电熨斗等，要做到用前检查，用后保养，否则就会因线路老

化、年久失修导致电路受损而引发火灾事故。其二是家用电器不拔插头。使用遥控器关闭电器时，电器的变压器仍在通电。虽然它通过的电流很小，但长期的通电会使电源变压器持续升温，加速电源变压器的线圈和绝缘层老化，从而引起短路和碳化起火；或者遭遇雷电袭击，造成家用电器短路过载而引起火灾爆炸事故。

（5）勿乱堆杂物、乱烧垃圾

将杂物堆在阳台上，使之成为杂物仓库是家庭防火之大忌。有的甚至把油漆、车用汽油等易燃易爆物品都放在阳台上，使阳台成了火险丛生之地。夏季高温烘烤，逢年过节人们燃放烟花爆竹，以及小孩玩火等因素，都极易造成家庭火灾。自行焚烧垃圾是导致家庭火灾的又一诱因，因为垃圾里会有很多可燃可爆物，如液化气残液、玻璃瓶、鞭炮、废旧电池、液体打火机等，一旦燃烧就有爆炸的可能。特别是在冬季，大风一刮，火苗乱窜，很容易引起火灾。

（6）勿乱扔烟头、乱放爆竹

随手扔烟头是很多烟民的习惯。俗话说："一支香烟头，能毁万丈楼。"冬季风多雨少，夏季温高物燥，乱扔烟头随时都可能引发火灾。况且烟头引发的火灾大多具有"隐蔽性"，由引燃到起火成灾一般需要 3 ~ 5 个小时，在起火初期很难被人察觉，一旦成灾已无可挽回，因而"烟头火灾"具有更大的危害性。特别是那些喜欢抽"倒床烟"的烟民尤其要注意随手灭烟，以免酿灾。家庭燃放烟花爆竹也要注意安全，楼上放鞭炮不能殃及楼下，底层放烟花不能对着高处人家的阳台、窗帘，农村放鞭炮不能靠近树林、草堆、棉场等地。还要做到坚决不在禁放区域燃放鞭炮。

（7）切忌用油点火取暖

虽然现在城镇居民冬季取暖大都使用电，但广大农村居民冬季烤火仍在使用木材、炭火。这就要求点火时严禁用汽油、煤油、酒精等易燃物引火。

（8）严禁小孩玩火

小孩玩火引发火灾令人防不胜防，每个家庭都应该管好孩子，督促小孩不玩火。学校要教育学生增强防火意识，商店不要向小孩出售火种。

（9）配备消防器材

为了做到有备无患，每个家庭都应配备消防器材，每位成员都要掌握使用方法，另外要定期检查，定时校验，做到警钟长鸣，防患于未然。

（10）一些易燃易爆物品应当按照使用说明来使用、放置

电热毯在使用中切勿折叠；点燃的蜡烛、蚊香应放在专用的台架上，不能靠近窗帘、蚊帐等可燃物品，使用电灯时，灯泡不要接触或靠近可燃物；到床底、阁楼等处找东西时，不要用油灯、蜡烛、打火机等明火照明。

（11）制定几套火灾时的逃生方案，选定逃生线路，并进行模拟练习选择合适的路线

制定可行方案，以备火灾发生之时无路可走。并依据逃生方案进行预演，使大家做到临危不乱。居民楼中最好配备这样4件应急"宝物"，一个家用灭火器，一根（保险）绳，一支手电筒、一个简易防烟面具。

家有"四宝"，火灾无险

上海广西南路曾发生一起居民火灾，大火迅速蔓延。住在四楼的一户一对老年夫妇，眼见大火封住了门，逃生的道路完全被堵死，就赶快拿出家里存放的一根消防备用绳子。他们把绳子绑在窗户上，然后，用手抓住绳子慢慢下滑到地上。他们靠这根绳子，成功自救。而住在老夫妻隔壁的那户人家，由于没有备用消防绳子，在大火来临的时候，一家四口人只有两个人逃了出来，另外两人葬身火海。如果这家人家中也备有消防绳子，也许就不会发生两人死亡的惨剧了。

对于现代家庭来说，家中常备"四宝"，就可大大降低火灾伤亡率。所谓"四宝"，是指家用灭火器、保险绳、手电筒、防烟面具。这是家庭消防安全最基本的用具，对火灾事发现场的自我保护起到非常有效的作用。正确运用这些消防器材逃生，可以挽救家人和自己的生命，避免不该发生的悲剧。为了防止伤亡悲剧的发生，请大家不妨在家中备好这四件"宝物"。

下面简要介绍一下这四件"宝物"，以备不时之需：

（1）家用灭火器。家用灭火器一定要放在合理的位置，让家庭每一个（婴幼儿除外）成员都知道灭火器的工作原理，能够正确使用灭火。发生火灾时，家庭常用灭火器能够把初起火及时扑灭，将大火消灭在初期阶段，避免引起大的灾难。

（2）保险绳。在家里配备一根或几根结实耐用、质量上乘又足够长的保险绳，可以在家中发生火灾时当做攀缘工具，让家人和自己成功逃生。

（3）手电筒。每一场火灾都会伴随着电路短路的发生。夜间发生了大火，黑暗中看不清方向，如果有手电筒照明，就能够看清逃生方向，从而顺利找到逃生的道路。

（4）简易防烟面具。火场中的烟雾会让人窒息而死，戴上防烟面具，可以有效地抵御有毒烟雾的侵袭，有利于自己和家人顺利逃出火场，实现安全自救。

小心电视机着火

现在，电视机已经成为我们生活中必不可少的家用电器。但是由于我们平常对电视机使用不当或者其他因素，常常引起电视机着火。因此，为了保证安全使用电视机，延长电视机的使用寿命，防止发生火灾事故，必须做好预防工作。

1. 电视机引起火灾的原因

电源开关引起电视机火灾。电源开关在电视机电源电路中的位置有时是引发电视机起火的直接原因。其位置一般有两种：一种电源开关设计在变压器的原边回路中，它可直接切断电视机电源；另外一种设计在变压器副边，切断电源电视机开关。如果未拔下电视机电源插头，电源变压器仍然处于通电状态，在长时间通电时会造成发热温度升高，就可能造成变压器绝缘短路引起火灾。

供电电压过高。电压过高使电视机变压器整个功率增加，温度上升过热，时间一长，变压器就会被烧坏冒烟起火，或绝缘击穿起火。尤其是夏季，气候炎热，室内温度高，电视机壳内温度会更高；潮湿多雨的季节，由于湿度大，如果室内通风不好，散热条件差，电视机元件往往容易受潮，致使电视机元件绝缘性能变差，发生放电打火或绝缘击穿、损坏机件等现象，造成短路引起火灾。

高压放电打火。电视机显像管第二阳极需要的电压很高。黑白电视机为0.8～1.7万伏，彩色电视机更高，为2万多伏。由于电压高，机内若积灰、受潮，容易引起高压包放电打火，从而引燃周围的可燃零件。

电视机长期在通风条件差的环境中工作，如电视机放入专门木制橱柜内或用布罩遮盖等，使机内的热量得不到散发，加速电视机零件的老化，进而引起故障，甚至短路起火。

用户不慎将液体滴入机内，或沉积灰尘太多，或有小昆虫、小金属物品进入机内，造成电视机线路漏电或短路，发热起火。

雷击起火。随着彩色电视机的普及，安装室外电视天线或共用天线越来越多，但室外天线或共用天线不装避雷装置，或避雷接地不良，或在雷雨时间收看电视节目时，就会将雷电导入电视机内，引起电视机爆炸起火。

电视机连续长时间工作，或者长时间停用后又开机，对电视机出现过强烈振动和冲击，收看电视节目时用湿毛巾去擦荧光屏等等都可能会造成电视机爆炸或起火。

2. 电视机防火措施

连续收看时间不宜过长。时间越长，电视机的工作温度越高。一般连续收看4～5小时后应关机休息一会儿，待温度降低后再打开，气温高的季节更应如此。

选择适当的安放位置，确保良好的通风。最好不要为了防止灰尘而把电视机封装在一个木箱内，也不要放在暖气片附近。

防止液体进入机内，不要使电视机受潮，最好每隔一段时间使用几小时，以驱散机内潮气。

使用室外天线的用户，应装设避雷装置，并应有良好的接地。在雷雨天气时不收看电视节目，关机后最好拔下电视机的电源插头，以防雷电形成高电压由电源或天线窜入，损坏电视机或引起火灾。

要注意电源开关，看完电视后勿忘切断电源，拔出电源插头。

冬季电视机刚从温度低的室外搬进室内，不要马上使用，要让其在温暖的室内适应一下再通电使用。

应防止蒸汽、煤气或灰尘侵蚀电视机。在取暖火炉上经常放水壶烧水的室内，不开电视机的时候，要用罩套把电视机罩住，防止水蒸气侵入。也应防止太阳光照射荧光屏，避免电视机老化。

电视机安放位置一般应固定，不要多移动位置。即使移动时，应注意避免强烈振动和冲击。

收看电视节目时，不要用湿毛巾等去擦荧光屏。

在看电视时电视机突然冒烟或发出焦味，必须立即关机，切断电源（拔下电源插头）。

小心电熨斗引发火灾

电熨斗是日常生活中容易引起火灾的物件之一。那么怎样使用电熨斗才是安全的呢？

首先，当电熨斗通电的时候，操作人员不要轻易离开，在熨烫衣物的间歇，要把电熨斗竖立放置或者放置在专用的电熨斗架上。

其次，使用普通型电熨斗的时候，切勿长时间通电，以防电熨斗过热，烫坏衣物引起火灾。不同的织物有不同的熨烫温度，并且差别甚大，因而熨烫各类织物的时候，宜选用调温型电熨斗。但是要注意，当调温型电熨斗的恒温器失灵后要及时维修，否则温度无法控制，容易引起火灾。

最后，不要让电熨斗的电源插口受潮并保证插头与插座接触紧密。

另外，电熨斗供电线路导线的截面不能太小，绝对不能与家用电器共用一个插座，也不能与其他耗电功率大的家用电器如电饭锅、洗衣机等同时使用，以防线路过载引起火灾。

通常，电熨斗的铭牌上的电压应该与所用电源电压相符。带有接地的电熨斗须用三芯电源引线，其中一根（一般为黑色或者黄绿双色线）接地，切勿接错。否则有可能将火线引入外壳，造成触电事故。

谨防孩子玩火引发火灾

天真活泼可爱的儿童，有强烈的求知欲和好奇心。他们对熠熠生辉的火光，往往感到新鲜好奇，或是模仿大人生火做饭、取暖；有少数小孩干脆把玩火当做游戏，有的甚至用火搞些恶作剧。由于他们不知玩火带来的危险，往往有意无意地引起火灾，使国家、集体和个人的生命财产遭到严重损失，而且还使一些玩火的儿童结束了短暂的人生，或者终身致残，给自己和父母带来无穷的悲痛。

小孩玩火的方式很多，主要有：做"假烧饭"游戏，又不分场合，结果弄假成真；弹火柴或擦火柴玩，火焰落在可燃物上；在床下或其他黑暗角落擦火柴照明寻找皮球、弹子等；在有可燃物的地方燃放烟花、爆竹；用火烧易燃建筑物上的马蜂窝；开煤气、液化石油气开关点火玩；玩弄打火机；点火照明捉蟋蟀，等等。例如，1994 年 10 月 1 日 16 时许，在江苏省兴化市中堡镇棉花收购站，该镇北沙村村民顾某带着小孩来到收购站出售棉花时，身边的孩子擦火柴玩，不慎引燃堆放的棉花，大火很快蔓延开来，烧毁工棚 6 间，棉花 4500 千克，造成直接经济损失 46000 元。

小孩玩火一般都发生在家长或成年人不在的时候，有的小孩，趁大人睡熟后开始玩火，一旦起火，他们不知道怎么办，常常惊慌逃跑，有的甚至钻进床底下将身体藏起来，以致火势迅速扩大，不仅他们自身难保，还往往造成严重恶果。例如，1994 年 3 月 4 日晚，山东省莱阳市山前店乡山前店村杨某家中，吃完晚饭，杨某夫妇两人把一个 8 岁、一个 6 岁的男孩锁在家中，便到邻居家看电视去了。22 时许，被锁在家中的两个孩子觉得无聊就玩火，结果引燃了炕上的被褥，继而火窜上房顶。起初，邻居隐约听到喊叫声，以为是杨某夫妇打孩子，没有引起警觉，待大火燃烧整个房屋时，邻居们这才发现，呼喊着前来救火，但为时已晚，无情的火魔不仅吞掉了 3 间房屋，两个幼小的生命也葬身火海之中。

防止小孩玩火引起火灾，主要的措施是加强宣传教育。幼儿园、学校教师要重视这方面的教育，宣传、教育等部门和街道都要积极配合，可以组织小孩参观消防队表演，观看防火安全教育的影片，使防火教育生动形象，这样对小孩有深刻的印象。

教育孩子不要玩火，做家长的更是责无旁贷。平时要把火柴、打火机等火种放在孩子不易拿到的地方；不要把打火机当做玩具给小孩玩弄；不准小孩开启煤气、沼气、液化石油气开关；不能让小孩在有可燃物的地方放烟花、爆竹；发现小孩挖弄爆竹中的火药或以火柴头做其他玩具时，要严加制止；还有家长外出，不能图省事，把小孩子单独留在家里，更不能把孩子锁在家中，要托人照管，以防发生危险。

楼房着火怎么办

楼房着火不像住平房那样容易疏散，因此，掌握逃生的方法和求助救援的技能对人们来说是十分必要的。

（1）及时报警。当发现失火时，要及时用电话等工具打119向消防队报警。

（2）及时扑救。火势开始不大，在报警同时，要利用现场灭火剂或采取其他措施，尽快设法将火扑灭，或设法延缓（如向门上洒些冷水进行冷却）火势发展，以利于自救。当火势太大无力扑救时，所有人员应迅速想法离开火灾现场，切勿只顾财产，延误逃生。

（3）在火势越来越大，不能立即扑灭，有人被围困的危险情况下，应尽快设法脱险。如果门窗、通道、楼梯已被烟火封住，确实没有可能向外冲时，可向头部、身上浇些冷水或用湿毛巾、湿被单将头部包好，用湿棉被、湿毯子将身体裹好，再冲出险区。如果浓烟太大，呛得透不过气来，可用口罩或毛巾捂住口鼻，身体尽量贴近地面行进或者爬行，穿过险区。

（4）要保持镇静，不要惊慌失措、乱成一团。牢记"临危不乱，灾情减半"。

（5）要按顺序进行疏散，不要乱挤乱拥，要让老年人和小孩优先下楼，迅速疏散，但不能乘电梯。

（6）若楼道被烟火封住，当人员无法脱离时，人们应回到无火室内，向窗外挂醒目标志；晚上可用手电筒向外照射，以表示室内有人；然后迅速关闭无火室房门，关紧门窗，堵死进烟孔洞，等待来人营救。不了解火场情况，不能盲目往外冲。

（7）当楼梯已被烧断，通道已被堵死，不能沿楼梯而下时，切勿轻易跳楼，应设法从别的安全地方转移。可按当时具体情况，采取以下几种方法脱离险区：

一是可能从别的楼梯或室外消防梯走出险区。有些高层楼房设有消防梯，住户应熟悉通向消防梯的通道，着火后可迅速由消防梯的安全门下楼。

二是住在比较低的楼层可以利用结实的绳索（如无绳索，可将被单、床单或结实的窗帘布等物撕成宽条连接成绳），拴在牢固的窗框或床架上，然后沿绳缓缓爬下。或利用竹竿或木杆等物顺墙滑下。如有儿童、老弱人员被火围困，可用被毯等物把他们包裹起来，用绳索从窗口或阳台等处系下去。

三是如果被火困于二楼，可以先向楼外扔一些被褥作垫子，然后攀着窗口或阳台往下跳。这样可以缩短距离，更好地保证人身安全，如果被困于三楼以上，那就千万不要急于往下跳，因为这样容易造成伤亡。

四是可以转移到其他比较安全的房间、窗边、阳台或设法开启天窗逃往屋顶上耐心等待消防人员救援。

另外，到了万不得已必须跳楼时，也不要盲目跳楼，而要选择一些科学的跳楼方法，下面介绍几种新的跳楼自救方法。

（1）"休氏跳楼法"。世界灾难学者曾提出不少"自救"技巧，其中，休斯在1991年提出的人们意想不到的"软家具加重物"的方法，获得了专家的赞扬。

所谓"休氏跳楼法"，就是用高楼里的软家具如沙发、席梦思（最好数床相叠）等家具，在其下面捆上重物，如哑铃、带泥的大花缸、水泥板等（总之，越重越好），然后人蹲在上面，两手紧紧抓住软家具，从窗口或阳台被人推下，这样，由于这种"人物联合体"的重心在下面，因而上面的人不易翻转，而底下又有软物，因而获救的可能性较大，模拟实验也证实了这点。

后来，有些人采用"休氏跳楼法"逃生，果然"大难不死"。

（2）"杆棒跳楼法"。上面谈到的"休氏跳楼法"有三个重要缺陷：首先是上述的重物常常一时找不到；其次是捆绑重物需要时间，这在火势凶猛扑来时，常常变得不可能；三是一人跳楼，需几人帮忙，即需要一定的组织。可是，当火灾猝然降临时，许多人往往惊慌失措，各自逃命，因而也常常难以办到。

西方的一名专家从美国人支撑竹竿过河的"传统游戏竞赛"中获得灵感，提出了人们更没想到的"杆棒跳楼法"。

这种方法很简单，它只要一根结实的比人稍长的木棒、竹竿、铁棍、钢管均可，如有条件，杆棒两头应捆上重物（不捆也可以用）。

下跳时，人应将杆棒双手抱住，双脚夹住，两脚交叉扣住，如爬竹竿一样，头与手的上部、脚的下部务必留出一段，每头约 50 厘米。约 80% 的跳楼者坠地时不是头着地就是脚碰地（而且楼越高、头或脚击地的比例越高），而抱杆跳楼者大多是杆棒先撞地，这种"硬碰硬"自然可以大大减轻身体受伤害的程度。

以上介绍的两种跳楼方法，仅供人们参考，非到万不得已时尽量不要跳楼，因为跳楼毕竟不是一种好方法。

地铁火灾逃生方法

　　地铁是现代社会中一种十分重要的交通工具，它的作用是其他交通工具无法比拟的。看到地铁带给人们便利的同时也应该看到地铁运营最大的安全隐患是火灾。从世界范围来看，世界各国在发展地铁的过程中，未曾出现地铁火灾的城市几乎不存在。

　　地铁一旦发生火灾，带来的危害将是巨大的、难以估量的。究其原因，主要有以下几点：①地铁里面客流量大，人员集中，火灾一旦发生，群死群伤的事故极易发生。②地铁列车的车座、顶棚及其他装饰材料一般都是可燃物质，这就容易加大火势的蔓延速度；有些塑料、橡胶等新型材料燃烧时还会产生大量的有毒性气体，加上地下供氧不足，燃烧不完全，烟雾浓，发烟量大；同时地铁的出入口少，大量烟雾只能从一两个洞口向外涌，与地面空气对流的速度大大降低，地下洞口的"吸风"效应使向外扩散的部分烟雾又被洞口卷吸回来，容易令人窒息。③由于地铁隧道空间的相对封闭性，车辆起火燃烧后，温度升高，空气体积膨胀，压力增高，热烟气流积聚，极易产生"轰燃"。④地铁内的空间比较大，有的火灾报警和自动喷淋等消防设施配置不完善，起火后地下电源可能会被自动切断，通风空调系统失效，失去了通风排烟作用，此时由于有大量有毒烟雾，不利于救援工作的展开。

　　既然地铁发生火灾是难以避免的，且危害又如此严重，那么乘客在遇到危险或等待救援时，掌握和了解一些自救方法就显得尤为重要。其中主要有以下几点：

（1）及时报警。发生险情时可以利用自己的手机拨打119报警，也可以按动地铁列车车厢内的紧急报警按钮。

（2）地铁一旦发生火灾，火灾产生的烟雾和毒气会令人窒息，因此乘客要用随身携带的口罩、手帕或衣角捂住口鼻。如果烟味太呛，可用矿泉水、饮料等润湿布块。此时，避免烟气吸入的最佳方法是贴近地面逃离。除此之外，值得注意的是不要匍匐前进，以免贻误生机。视线不清时，可以用手摸墙壁的方式缓缓撤离。

（3）在地铁车厢座位下存有灭火器，火灾发生时可随时取出用于灭火。干粉灭火器位于每节车厢两个内侧车门的中间座位之下，上面贴有红色"灭火器"标志。乘客旋转拉手90°，开门取出灭火器。

（4）如果车厢内火势过猛或仍有可疑物品，乘客可通过车厢头尾的小门撤离，远离危险。

（5）如果出事时列车已到站下人，但此时忽然断电，车站会启用紧急照明灯，同时，蓄能疏散指示标志也会发光。乘客要按照标志指示撤离到站外。

（6）火灾发生后，大量乘客会向外撤离，此时，老年人、妇女、孩子尽量不要"溜边"，防止摔倒后被踩踏。发现慌乱的人群朝自己的方向拥过来，应快速躲避到一旁，或者蹲在附近的墙角下，等人群过去后，至少过5分钟再离开。与此同时应及时联系外援，寻求帮助。

（7）如果此时被人群不由自主地拥着前进，要用一只手紧握另一手腕，双肘撑开，平放于胸前，要微微向前弯腰，形成一定的空间，这样可以使自己的呼吸顺畅，以免拥挤时造成窒息晕倒。同时护好双脚，以免脚趾被踩伤。如果自己被人推倒在地上，此时一定要保持冷静，应设法让身体靠近墙根或其他支撑物，把身子蜷缩成球状，采用这种方式可以很好地保护身体的重要部位和器官。

（8）在逃生过程中一定要听从工作人员的指挥和引导疏散，决不能惊慌失措、盲目乱窜。如果发现疏散通道被大火阻断，此时应想尽办法延长生存时间，等待消防队员前来救援。

火车着火逃生方法

火车着火是一种很严重的事故，有些火车是很易燃的，一旦着火就很难补救。车厢着火后，由于火车本身的速度很快，火势也会因而变得凶猛异常，无法阻挡。一旦乘坐的火车发生火灾事故，切记要沉着、冷静、准确判断形势，然后采取最适合的措施逃生，绝不能惊慌失措，盲目乱跑或坐以待毙。

1. 通知列车员让火车迅速停下来

如果乘坐的火车着火了，我们首先要做到的就是冷静，千万不能盲目跳车，因为那跟自杀是没有区别的。着火的火车会因为高速行驶而使火势越来越大，火车在行驶当中，车上的人也没有办法下车避难或采取措施灭火。因此一旦火车上发生火灾，最好的解决办法就是通知列车员让火车停下来，或者是迅速冲到车厢两头的车门后侧，用力向下扳动紧急制动阀手柄，使列车尽快停下来。

2. 在乘务员疏导下有序逃离

运行中的火车发生火灾后，列车乘务人员会紧急引导被困人员通过各车厢互连通道逃离火场。这时候应该积极配合乘务人员的工作，有序地逃离火场。这时候作为乘客要做的就是听从乘务人员的安排，有序撤离。如果车厢内浓烟弥漫，要采取低姿行走的方式逃离到车厢外或相邻的车厢。

3. 利用车厢前后门和窗户逃生

火车每节车厢内都有一条长约 20 米、宽约 80 厘米的人行通道，车厢两头有通往相邻车厢的手动门或自动门，当某一节车厢内发生火灾时，这些通道是我们可以利用的主要逃生通道。火灾发生的时候，应该尽快利用车厢两头的通道，有秩序地逃离火灾现场。千万不要惊慌失措，相互推挤，否则只会造成阻塞，使所有人都逃不出去。而且在慌乱之中，人群可能会发生相互践踏的惨剧。

另外，如果火车已停止运行的话，可以用铁锤等坚硬的物品将窗户的玻璃砸破，通过窗户逃离火灾现场。但这种方式只用于比较紧急的情况，如果火势很小，听从乘务人员的安排或自行地有序地离开车厢就可以了。

船舶着火如何逃生

案例

　　2005 年 6 月 14 日上午，古色古香的江山 7 号游船，停泊在巫山码头一处偏僻的水域。在早晨 6 时 30 分左右，群众极少听见的"呜——呜——呜——"声划破了清晨的宁静，停泊在趸船旁边的客船着火了。一大股浓烟从船的中部冒出，浓烟夹杂着刺鼻的焦煳味道。约 10 分钟后，多辆警车及消防车拉着警报赶至江边。

　　事发时，住在客船的二层游客陈博雅还在睡觉，他被惊醒后赶紧叫醒邻床的哥哥：

　　"喂，你听听，是不是出什么事了？"陈博雅的哥哥一听，外面人声鼎沸，非常不正常。他赶紧拉开窗帘一看，只见窗外浓烟滚滚，不少游客拿着行李逃命似地朝楼梯间跑。

　　"失火了，快跑！"陈博雅的哥哥对他喊道。陈博雅的哥哥用拳头打破床头的玻璃，一下子跳到了船的护栏边。他们正准备从楼梯间逃离时，发现拥挤的人群已经乱成一团，将楼梯堵得严严实实。于是他们纵身从二楼跳下后，跌跌撞撞地逃到了趸船上，才舒了一口气。

　　熊熊大火在燃烧近 3 小时后被救援船只扑灭，客船损失惨重。但是船上 400 余名乘客安全逃生，无人员伤亡。

客船发生火灾时，盲目地跟着已失去控制的人群乱跑乱撞是不可取的，一味等待他人救援也会贻误逃生时间，积极的办法是赶快自救或互救逃生。所以说，陈博雅兄弟的自主逃生的做法还是十分正确的，但是从船的二楼跳下还是有些危险。当船上大火将直通露天的楼梯道封锁致使着火层以上楼层的人员无法向下疏散时，被困人员可以疏散到顶层，然后向下施放绳缆，沿绳缆向下逃生，这样做更好一些。

登船后，首先应该了解救生衣、救生艇、救生筏等救生用具存放的位置，熟悉自己的周围环境，牢记客船的各个通道、出入口以及通往甲板的最近路径。客船发生火灾时，其内部设施如内梯道、外梯道、舷梯、逃生孔、缆绳、救生艇、救生筏等均可利用。

当客船上某一客舱着火时，舱内人员在逃出后应随手将舱门关上，以防火势蔓延，并提醒相邻客舱内的旅客赶快疏散。若火势已窜出，封住内走廊时，相邻房间的旅客应关闭靠内走廊房门，从通向左右船舷的舱门逃生。

在万不得已要跳船时，应选择落差较小的位置，避开水面的漂浮物。一般情况下，应从船的上风舷跳下，若船体已倾斜，则应从船头或者船尾跳下。跳船时最好穿上救生衣，双臂交叠在胸前，压住救生衣，双手捂住口鼻，迎风跳入水中逃生，并尽可能地跳远，以防船只下沉时涡流将人吸进船底下。

第五章

平安出行每一步——交通安全

TIAN DUN AN FANG

　　交通安全是关系到人民生命财产安全的重要问题，受到人们普遍的关注。交通安全涉及铁路运输、公路运输、水路运输和航空运输领域的安全问题。交通安全问题重在交通安全防范知识的宣传和学习、每一个人日常生活中时时刻刻提高警惕以及交通事故的自救脱险知识的普及。本章将详细介绍交通安全的各个方面。

引例

　　相关数据显示，我国每 5 分钟有一人因车祸死亡，每一分钟有一人因车祸伤残，每天死亡 280 多人，每年死亡 10 万多人，车祸死亡人数占世界 15%，且每年增加 4.5%。自 1899 年发生第一起有记录车祸以来，全球车祸累计死亡 3000 万人，超过第二次世界大战死亡人数。交通安全事故触目惊心，所以我们每个人都应加强交通安全事故的防范意识。

指示标志教你如何"行"

指示标志是指示车辆、行人按规定方向、地点行进的标志。

指示标志的颜色为蓝底、白图案。其形状分为圆形、长方形和正方形。

生活中常见的指示标志可以分为下列各类：

（1）直行标志：表示一切车辆只准直行。设置在必须直行的路口以前适当位置。有时间、车种等特殊规定时，应用辅助标志说明或附加图案。

（2）向左（或向右）转弯标志：表示一切车辆只准向左（或向右）转弯。设置在车辆必须向左（或向右）转弯的路口以前的适当位置。有时间、车种等特殊规定时，应用辅助标志说明或附加图案。

（3）直行和向左转弯（或直行和向右转弯）标志：表示一切车辆只准直行和向左转弯（或直行和向右转弯）。设置在车辆必须直行和向左转弯（或直行和向右转弯）的路口以前的适当位置。有时间、车种等特殊规定时，应用辅助标志说明或附加图案。

（4）向左和向右转弯标志：表示一切车辆只准向左和向右转弯。设置在车辆必须向左和向右转弯的路口以前的适当位置。有时间、车种等特殊规定时，应用辅助标志说明或附加图案。

（5）靠右侧（或靠左侧）道路行驶标志：表示一切车辆只准靠右侧（或靠左侧）道路行驶。设置在车辆必须靠右侧（或靠左侧）道路行驶的地方。有时间、车种等特殊规定时，应用辅助标志说明。

（6）立交行驶路线标志：表示车辆在立交处可以直行和按图示路线左转弯（或直行和右转弯）行驶。设置在立交桥左转弯（或右转弯）出口处的适当位置。

（7）环岛行驶标志：表示只准车辆靠右环行。设置在环岛面向路口来车方向的适当位置。车辆进入环岛时应让内环车辆优先通行。

（8）单行路标志：表示一切车辆单向行驶。设置在单行路的路口和入口的适当位置。有时间、车种等特殊规定时，应用辅助标志说明或附加图案。

（9）步行标志：表示该街道只供步行。设置在步行街的两侧。

（10）鸣喇叭标志：表示机动车行至该标志处必须鸣喇叭。设置在公路的急弯、陡坡等视线不良路段的起点。

（11）最低限速标志：表示机动车驶入前方道路之最低时速限制。设置在高速公路或其他道路线速路段的起点及各立交入口后的适当位置。本标志应与最高限速标志配合设置在同一标志杆上，而不单独设置。

（12）干路先行标志：表示干路车辆可以优先行驶。设置在有停车让行标志的干路路口以前的适当位置。

（13）会车先行标志：表示车辆在会车时可以优先行驶。与会车让行标志配合使用，设置在有会车让行标志路段的另一端。标志颜色为蓝底，对向来车尾红色箭头，行进方向为白色箭头。

（14）人行横道标志：表示该处为人行横道。标志颜色为蓝底、白三角形、黑图案。设置在人行横道线两端适当位置。

（15）车道行驶方向标志：表示车道的行驶方向。设置在导向车道以前适当位置。需要时箭头可以反向使用。

警告标志告诉你要"谨行"

　　警告车辆、行人注意危险地点及应采取措施的标志我们称之为警告标志。驾驶员在一条自己不熟悉的道路上行驶，不可能知道行驶前方存在有潜在危险。此时，警告标志的作用就是及时提醒驾驶员前方道路线形和道路状况的变化，在到达危险点以前有充分的时间采取必要行动，从而确保行车安全。

　　警告标志的颜色为黄底、黑边、黑图案，其形状为等边三角形，顶角朝上。

　　常见的警告标志可以分为下列各类：

　　（1）交叉路口标志：用以警告车辆驾驶人谨慎慢行，注意横向来车相交。设置在视线不良的平面交叉路口驶入路段的适当位置。

　　（2）急弯路标志：用以警告车辆驾驶人减速慢行。设置在计算行车速度小于60千米/小时，平曲线半径等于或小于道路技术标准规定的一般最小半径，及停车视距小于规定的视距所要求的曲线起点的外面，但不得进入相邻的圆曲线内。

　　（3）反向弯路标志：用以警告车辆驾驶人减速慢行。设置在计算行车速度小于60千米/小时，两相邻反向平曲线半径均小于或有一个半径小于道路技术标准规定的一般最小半径，且圆曲线间的距离等于或小于规定的最短缓和曲线长度或超高缓和段长度的两反向曲线段起点的外面，但不得进入相邻的圆曲线内。

　　（4）双向交通标志：用以促使车辆驾驶人注意会车。设置在由双向分离行驶，因某种原因出现临时性，或永久的不分离双向行驶的路段，或由单向行驶进入双向行驶的路段以前的适当位置。

（5）注意行人标志：用以促使车辆驾驶人减速慢行，注意行人。设置在行人密集，或不易被驾驶员发现的人行横道线以前的适当位置。

（6）注意儿童标志：用以促使车辆驾驶人减速慢行，注意儿童。设置在小学、幼儿园、少年宫等儿童经常出入地点前的适当位置。

（7）注意信号灯标志：用以促使车辆驾驶人注意前方路段设有信号灯。设置在驾驶员不易发现前方为信号灯控制路口，或由高速公路驶入一般道路的第一信号灯控制路口以前的适当位置。

（8）注意落石标志：用以促使车辆驾驶人注意落石。设置在有落石危险的傍山路段以前的适当位置。

（9）隧道标志：用以促使车辆驾驶人注意慢行。设置在双向行驶、照明不好的隧道口前的适当位置。

（10）铁路道口标志：用以警告车辆驾驶人注意慢行或及时停车。该标志有两种，分别为有人看守铁路道口标志，设置在车辆驾驶人不易发现的道口以前的适当位置，和无人看守铁路道口标志，设置在无人看守铁路道口以前的适当位置。

禁令标志告诉你要"禁行"

根据道路和交通情况，为保障交通安全而对车辆和行人交通行为加以禁止或限制的标志我们称之为禁令标志。

禁令标志的颜色，除极少数特殊的标志外，一般为白底、红圈、红杠、黑图案。禁令标志的图案压杠，其形状为圆形、八角形、顶角向下的等边三角形。

一般来说，常见的禁令标志可以分为以下各类：

（1）禁止通行标志：表示禁止一切车辆和行人通行。设置在禁止通行的道路入口附近。

（2）禁止驶入标志：表示禁止车辆驶入。设置在禁止驶入的路段入口，或单行路的出口处，其颜色为红底中间一道白横杠。

（3）禁止骑自行车下坡（或上坡）标志：表示禁止骑自行车下坡（或上坡）。设置在骑自行车下坡（或上坡）有危险的地方。

（4）禁止行人通行标志：表示禁止行人通行。设置在禁止行人通行的地方。

（5）禁止向左（或向右）转弯标志：表示前方路口禁止一切车辆向左（或向右）转弯。设置在禁止向左（或向右）转弯的路口以前的适当位置。有时间、车种等特殊规定时，应用辅助标志说明或附加图案。

（6）禁止直行标志：表示前方路口禁止一切车辆直行。设置在禁止直行的路口以前的适当位置。有时间、车种等特殊规定时，应用辅助标志说明或附加图案。

（7）禁止向左向右转弯标志：表示前方路口禁止一切车辆向左向右转弯。设置在禁止向左向右转弯的路口以前的适当位置。有时间、车种等特殊规定时，应用辅助标志说明或附加图案。

（8）禁止直行和向左转弯（或直行和向右转弯）标志：表示前方路口禁止一切车辆直行和向左转弯（或直行和向右转弯）。设置在禁止直行和向左转弯（或直行和向右转弯）的路口以前适当位置。有时间、车种特殊规定时，应用辅助标志说明或附加图案。

（9）禁止掉头标志：表示禁止机动车掉头。设置在禁止机动车掉头路段的起点和路口以前的适当位置。

（10）限制速度标志：表示该标志至前方解除限制速度标志的路段内，机动车行驶速度不准超过标志所示数值。设置在需要限制车辆速度的路段的起点。

（11）解除限制速度标志：表示限制速度路段结束。设置在限制车辆速度路段的终点。

（12）停车检查标志：表示机动车必须停车接受检查。设置在需要机动车停车受检的地点。

（13）停车让行标志：表示车辆必须在停止线以外停车嘹望，确认安全后，才准许通行。

（14）减速让行标志：表示车辆应减速让行，告示车辆驾驶人必须慢行或停车，观察干道行车情况，在确保干道车辆优先的前提下，认为安全时方可续行。设于视线良好交叉道路次要道路路口。

（15）会车让行标志：表示车辆会车时，必须停车让对方车先行。

交通事故要谨防

随着社会的不断发展，人们生活水平的提高，很多的家庭都购买了私家车。但是随之而来的交通事故也在频繁发生。那么，在驾驶车辆的过程中我们该如何预防交通事故的发生呢？

（1）黄昏时分容易出车祸，黑色汽车容易出事故，白色和黄色汽车最安全。在酒后、药后、疲劳后不开车，国家严厉打击酒后驾车。吃了含有麻黄碱、扑尔敏成分的感冒药会引发注意力不集中，不要开车。法律规定司机连续驾驶不得超过4小时。驾车前不要饮用或食用藿香正气水等药物。

（2）发生撞击前，应握紧扶手或椅背，双腿用力蹬地，可以减轻向前冲击的力度。如果事发突然，可迅速抱住头部，蜷缩身体，保护头部胸部。车辆发生翻滚的，要抱头缩身，不要死抓车辆某个部位。被困在车中，可用手表内芯、金属高跟鞋跟击破玻璃逃生（难度很大，最好使用逃生锤），不要尝试击破前挡风玻璃。乘坐小汽车可将汽车头枕取下，将钢管插到汽车玻璃缝隙中，利用杠杆原理撬碎玻璃，也可以在玻璃缝隙中垫上钥匙之类的硬物，再去击打玻璃窗。

（3）发生了交通肇事要保护现场，及时对伤员进行急救并拨打120。要记清肇事车车牌号，但记录时要小心，可以先装死，以免司机冲动杀人或反复碾压。如果是轻微车祸不要阻碍交通，比如有一妇女发生刮碰后赖在地上不走，4分钟后被公交车撞死。发生交通事故要预防二次事故，要闪灯、摆放警示牌。

（4）日常行车不要在胸口口袋内放硬物，如钢笔、火机、别针等。车内也不要摆放杂物和装饰物，车后窗不要有挂饰。开车时不要打电话、聊天、化妆，音响声音不要过大。

（5）开车时要和前车保持安全距离，特别是在雾雪天气。拐弯时要扭头看一下车后，因为反光镜有死角。不要在冰面上开车，如果一定要过，要一直开过去不要停。

（6）汽车涉水要及时熄火等待救援。汽车落水可转移到后座逃生。在高速公路上开车不要过慢，因为很多大货车是不减速的，在超车时容易发生事故。新手开车要避免踩错刹车，新手应养成良好的驾驶习惯，右脚一直踩在某个固定踏板上，以免出现紧急情况不知道脚放在哪里。车胎爆裂不要踩急刹车，要松开油门慢慢减速。

（7）夏天要预防汽车自燃，不在阳光下暴晒，闻到有异味要停车。使用灭火器时只能打开引擎盖一点缝隙，不要完全打开，以防爆燃。汽油会影响人体健康，要尽量远离。新车会释放有毒气体，要经常开窗通气。不在车内阳光直射处放打火机和瓶装水。为保护车漆，应将车停放在阴凉处。可在汽车上装上摄像头，这样可以避免很多麻烦，比如，有人碰瓷时有证据。

开车时摒弃不良心态

心理因素对安全行车的影响越来越引起人们的重视，经总结，以下九种心态容易引发交通事故。

（1）急躁心理。受利益驱动，急着赶时间，赶路程，赶趟数。遇有狭窄、颠簸的路面不能及时减速，遇有道路堵塞或因气候变化迫使停车、慢行时烦躁不安。

（2）逞能心理。对自己技术水平估计过高，对事故隐患欠考虑，为在同行、亲友面前逞能，满足一时虚荣而冒险行车。

（3）逞强心理。在路途中表现得处处不饶人，一路快速赶超。一旦被超，心存不服，往往与超车竞速。会车时，抢占有利路面，窄路抢道，交叉路抢行，置交通法规于脑后，我行我素。

（4）赌气心理。见来车超车失误，偏不减速让路，反给来车施加压力；见超车超越自车时别了一下方向，赶快加速追赶，超越时再别对方一把方向；晚上行车，见对方没有及时转换远光灯，自己也来个针锋相对；窄路相遇，见对方不做避让，自己也迎头赶上，谁都别想通过。

（5）麻痹心理。麻痹与侥幸同行。明明发现问题且知道有隐患，因嫌麻烦、嫌误时，不作检查处理，小故障酿成大事故。

（6）放松心理。长途跋涉进入本乡本土，驶出交通管治较严的路段，通过人车混杂或堵车的路段进入开阔路面，在自己的家门口行车等这些情况都容易使驾驶人放松心情，解除警惕，这个时候往往也是交通事故发生的时候。

（7）慌张心理。遇有紧急情况，头脑发晕，不知所措。行车手续不全，明知故犯，违规行驶，非法运载，逃避检查等情况，都容易引起心理慌张，从而影响正常驾驶。

（8）负重心理。有种种心事压在心头，不能自觉解除。驾车时心情郁闷，"人在曹营，心在汉"，发现问题滞后，判断失准，操作失误。

（9）自满心理。开了几年车，没有发生过事故，自以为技术高超，从而不学习，不总结，骄傲自大，不接受亲友劝告，不吸取身边教训，处处自以为是。

安全驾驶小建议

在现代社会，随着人们生活水平的提高，很多家庭都拥有了属于自己的私家车。车辆越来越多，道路越来越拥挤，几乎每天都有车祸悲剧的发生，车祸给人们的生命财产带来了极大的威胁。如何保证行车安全，预防各种行车事故的发生显得十分重要。下面是一些安全驾驶小建议：

（1）在各种感情因素中，大喜、大悲、惊慌、愤怒等会造成驾驶者心理失衡，注意力下降，此时驾车易导致事故的发生。在这种情况之下，驾驶员要努力控制自己的感情，掌握一些心理调节方法，及时排除不良情绪干扰。如果实在摆脱不了不良情绪的困扰，要及时停止驾驶车辆，心情好转或稳定后方可恢复驾驶车辆。

（2）在驾驶员驾车过程中，千万不要因赶路、炫耀车技而驾驶车辆在车流中左右穿行，这种行为只会导致驾驶人无视人身安全，给公共安全带来严重威胁，其行为后果往往是十分严重的。除此之外，还应该注意的是，驾车人不要在行车途中打电话，大量事实表明：在行车途中打电话会严重影响判断和操作，车祸的发生率会因此大大上升，严重危及他人及自身安全。

（3）驾驶员行车前一定要注意避免服用副作用大的药物，特别是感冒药、头痛药、安眠药等药物。之所以这样说是因为服用这类药物后往往会出现困盹、眩晕、视力不佳、注意力下降等现象，在这种情况之下交通事故极易发生。除此之外，应避免饮用咖啡等易导致兴奋的饮料，兴奋状态对安全行车也是十分不利的。

（4）酒后严禁驾车。科学研究表明，机动车驾驶员在没有饮酒的状况下行车，发现并处理危险情况的反应时间为 0.75 秒，而饮酒后驾车的状况下，反应时间要减慢 2 ~ 3 倍，出事的可能性因此大大增加。为避免酒后驾车，应安排好代步工具，不得不饮酒时，最好不要驾车前往，驾车就餐饮酒后，应找人代驾。

（5）驾驶员一定不要在十分饥饿的情况下开车。人在过度饥饿时，血糖下降、心跳加快，大脑养分不足，无法集中注意，此时也容易酿成交通意外。因此，驾车时应尽量按时进食，如情况特殊，不能按时就餐，应及时吃点糖果、糕点等食品，以便使体内的糖分得以补充。

安全驾驶"八项注意"

　　我国现行的与交通安全有关法律法规有《道路交通安全法》、《道路交通安全法实施条例》以及《道路交通事故处理程序规定》。由这些法律法规可提炼出以下"八项注意"：

　　（1）注意避让行人。尤其是机动车经过人行横道时，应当减速行驶，如果正好有行人通过人行横道，应当停车让行。遇到行人横过没有信号灯的道路，应当避让。

　　（2）"加塞儿"变成违法。机动车遇有前方车辆停车排队等候或者缓慢行驶时，不允许借道超车或者占用对面车道，也不允许穿插等候的车辆。

　　（3）饮酒不得驾车。酒后驾车不仅要罚款，还会被暂扣驾驶证；醉酒驾车处罚更加严重，除罚款数额和扣证时间都有所增加外，还要处以15日以下的拘留。对于驾驶运营机动车的驾驶员来说，在上述处罚的基础上更加严厉，如果1年内因上述行为被处罚2次以上的，吊销机动车驾驶证，5年内不得驾驶营运机动车。

　　（4）严禁客货混装，客货车都不能超载。客运机动车不能违章载货，货运机动车也不能违章载人，而且不论是客车还是货车都不能超载。

　　（5）不得超速行驶。机动车在道路上行驶，不得超过限速标志标明的最高时速。在没有限速标志的路段，应当保持安全车速。机动车行驶超过规定时速50%，由公安机关交通管理部门处200元以上2000元以下罚款，可以并处吊销机动车驾驶证。

　　（6）撞了车可"私了"。在道路上发生交通事故，未造成人身伤亡，当事人对事实及成因没有争议的，可以即行撤离现场，恢复交通，自行协商处理损害赔偿事宜。

（7）不得借用专用车道。设置专用车道是实施交通流分离、均衡道路交通流、提高现有道路资源利用率的措施。主要是在道路上以专用车道标志、标线表明专供某类型车辆行驶。在这一通行带中，专用车道内只允许该类型车辆运行，其他类型车辆是不允许进入的。

（8）肇事逃逸者终身禁止驾车。造成交通事故后逃逸的，由公安机关交通管理部门吊销机动车驾驶证，且终身不得重新取得机动车驾驶证。

开车防止疲劳有妙招

驾驶员禁止疲劳驾驶，之所以会这样说是因为它的危害是非常大的。《中华人民共和国道路交通安全法》第二十二条规定："机动车驾驶人应当遵守道路交通安全法律、法规的规定，按照操作规范安全驾驶、文明驾驶。过度疲劳影响安全驾驶的，不得驾驶机动车。"

疲劳驾驶极易发生事故，而想要从根本上预防和控制疲劳驾驶，应当从多个方面来入手。

1. 保证充足睡眠

对一个驾驶员来说，如果无法保证充足的睡眠，其清醒程度和反应灵活性会大打折扣。所以，一定要保证睡眠充足。所以，避免疲劳驾驶最简单的办法是尽量安排规律、充足的睡眠，如果需要长途行车，在前一晚一定要睡好觉。

2. 控制连续驾驶时间

长时间的驾驶也是产生疲劳的一个主要原因。针对这一点，一些专家建议：每持续驾驶 100 千米或 2 小时就应该停车休息 10 ~ 15 分钟，这样可以保证大脑皮层有恢复的时间；24 小时内实际驾驶时间累计不要超过 8 小时。除此之外，为了保证行车安全，驾驶员每周的行车时间不要超过 44 小时。

3. 适时进行心理、生理调节

在行车过程中一旦出现打哈欠、手足无力等疲劳征兆的时候，一定要停下来找一个安全的地方休息。如果没有这样的地方，则需要用冷水淋洗头面，活动四肢。实在不行就在车里睡一会，等感觉好点之后再上路。如果所有的情况都不允许，则可以采取如下一些应急措施消除疲劳：

（1）改良车内环境

一些相关研究表明，如果驾驶员离方向盘越近，那么驾驶员的情绪就会越紧张。所以，在不影响手脚操控的情况下，可以适当调整驾驶座椅与方向盘的距离。这样不仅能够减少因情绪紧张而产生的疲劳，而且还可以扩大视觉范围、增大方向盘缓冲余地。

如果车厢内温度过高也会导致驾驶员疲惫。在不同的季节，驾驶员可以采用不同的方式来调节车内温度，如开空调或开窗。通常来说，新车内的有害气体需要大约半年的时间才能散尽，如果只是开着空调，空气不流通，时间一长，人就会感觉头痛。所以，每隔一段时间就要开窗，这样可以吸收新鲜空气。装饰车厢也尽量选择色调柔和的饰品。如果是暗灰色调，人容易感觉心情压抑，如果过于鲜艳也会让人焦躁，这都会造成心理疲劳。

（2）及时调整情绪

如果驾驶员有不良情绪则也会影响开始质量，这也会容易导致事故的发生。心理学家发现，如果路上车辆太多，需要不断停车、减速、等候或被人意外超车的话，驾驶者往往出现多种心理疲劳症状，如血压升高、心情烦躁、精神紧张……所以，在驾驶过程中，如果有什么不良情绪则需要及时调整。

（3）正确选择饮食

驾驶员应选择合理的饮食。如果在疲劳驾驶状态下想要提神，不要采用吸烟或喝咖啡的方式。虽然吸烟和喝咖啡能提高人的兴奋度，但是却影响人的判断能力和分析能力。另外，这种提神作用也只是暂时的。其次，不要吃含糖量高的食物。因为高糖食品进入人体会促使体内 5- 羟色氨的合成与释放，最终抑制大脑皮层兴奋，产生疲劳。最后，在驾驶前最好多吃一些碱性食物，如水果、豆制品等，这样可以使大脑时刻保持清醒。

（4）慎服药物

通常来说，药物中都含有让人昏睡的成分，所以如果正在服用类似的药物，不要驾车。

（5）警惕三个危险时段

根据相关的数据统计，在以下三个"危险时段"中驾驶者最容易疲劳，因此，在这些时段中，驾驶者应尽量避免驾车。如果必须驾车，则需要提高警惕、注意防范：

11：00～13：00。经过了一上午的工作，人的大脑已经产生了疲劳之感，同时反应也不是特别灵敏了。此时，如果再没吃饭，血糖不足，手脚疲软。如果吃过了午餐，大量血液又流向胃肠等消化器官，脑部供血相对减少，所以不容易集中注意力。

17：00～19：00。此时，天渐渐变黑，容易产生视觉障碍。经过一天的工作，人的脑力、体力都消耗了很多，所以疲劳感加重，如果此时驾车一定要提高注意力。

1：00～3：00。按正常作息规律来说，这应当是人们休息的时候，此时也是人们最困的时候，所以疲劳不可避免。

服药后驾车要小心

一般而言，所有药物对驾驶能力都有潜在的危险，常见的危险是刺激中枢神经系统和压抑中枢神经系统。不同的药物和剂量对驾驶员生理状况甚至体重等都可能产生不同的影响。

1. 常见药物的负面影响

世界健康组织对药物的定义为：进入活着的有机体内以修正一种以上功能的物质。在我国的药物目录上，收录了一万多种药物，许多药物除可以治疗疾病之外，还可能产生一些副作用，而这些副作用也可能影响驾驶操作。以下是一些常见药物种类及其副作用：

（1）催眠药：如巴比妥类药物、安定和水合氯醛等，晚上服用后能使人安睡，次日还会有头晕目眩、乏力思睡和反应迟钝等不良反应。这时驾车，易发生车祸。

（2）安定药：如安定、氯丙嗪等，长期或大剂量用后，常产生眩晕、嗜睡、肌无力、体位性低血压和血压反应性下降等副作用；更严重的是视力模糊、眼球震颤，驾车时因看不准前方道路上突然变化的情况，极易导致车祸发生。

（3）抗组织胺药：如异丙嗪（非那根）、扑尔敏、赛庚啶和安其敏等，因其对中枢神经有明显的抑制作用，故常有嗜睡、眩晕、头痛乏力、颤抖、耳鸣和幻觉等副作用。故每一种抗过敏药的说明书上都醒目标有"服用后严禁驾驶舟车及高空作业"。

（4）抗感冒药：大多数感冒药中都含有抗组织胺类药物，服后产生如上所述副作用。

（5）抗焦虑药：如丙咪嗪、多虑平和苯乙肼等，常伴有疲乏嗜睡视野不清、肌肉震颤、反应迟钝和体位性低血压等。若出现此种种迹象，极易产生操作的失误而导致事故的发生，此时则应暂停驾车，就地休息，以策安全。

（6）降血压药：如利血平、可乐定、优降宁、硝普钠、哌唑嗪和甲基多巴等，主要作用于心血管系统，继而反射性地涉及到脑神经。出现体位性低血压、头痛、眩晕、嗜睡、视力模糊、手指颤抖、疲乏无力等。

（7）抗生素：长期使用氨基糖甙类抗生素（如链霉素、庆大霉素、卡那霉素和新霉素等），因其毒害人体第八对脑神经，可出现头痛、耳鸣、耳聋、视物不清、颤抖和体位性低血压等不良反应。

2. 预防措施

从以上各类药物的副作用可知，药物对驾驶机能的影响是不可忽视的。

世界医疗保健机构在 20 世纪 80 年代提出建议规定，有 7 种药物，驾驶员服用后不准驾驶车辆。这 7 种药物是：对神经系统有影响的药物；催眠药物；使人恶心和产生变态反应的药物；兴奋剂；治疗癫痫的药物；治疗高血压的药物。认为服用这些药物会使驾驶员反应迟钝，降低注意集中的能力和驾驶能力，这将是发生交通事故的诱因。后来挪威、瑞士、芬兰、丹麦等国家相继确诊，并在交通法规中规定，服用这些药物后驾驶车辆，等同酒后驾驶车辆，也要受到制裁。

驾驶员生病就医时，必须向医生交待自己的职业和工作特点。首先，在可能情况下，若能找到等效的、不影响驾驶技能的药物时，应尽量首选这类药物；其次，选副作用较小的药物。若根据病情非服某些药物不可时，则晚上服催眠剂或镇静剂不要过晚，白天服兴奋剂不要过量。必要时应暂停驾车，并在停药休息48 ~ 72 小时恢复体力后再驾车。

汽车失控巧应对

由于受许多不确定因素的影响，汽车在行驶的过程中往往会遇到各种各样的紧急情况，使汽车失去控制。在这种情况之下，学会冷静地采取措施紧急避险，尽量减小事故损失对每一位驾驶员来说都是十分重要的。

（1）方向突然失控的应对

方向突然失控时，汽车在这种情况下很难控制，车辆往往横冲直撞。一旦车辆方向失控，司机此时要做的就是抢挡减速，并关闭发动机油门，采用缓拉手制动或用脚间歇性踏下制动踏板（点刹），使汽车尽快停下。要注意的是，在使用脚制动时用力一定不要过猛，以免导致汽车侧滑酿成更大的危险

（2）制动突然失灵的应对

车辆发生制动突然失灵的情况时，应想方设法尽快停车。此时司机应迅速脱开高挡，踩一下油门抢入低挡，再关小油门，利用发动机的怠速牵制作用使车速降低，同时一定要把握好方向盘，严格按照"先让人后让物"的避让原则，使汽车避开危险目标，驶入路边熄火停车。如果情况紧急且手制动有效，应充分利用其制动力，但一定要注意的是，不可一次拉得过猛，以防高速旋转的运动件受猛烈制动影响而损坏，丧失制动力。如果行驶前方有行人、非机动车等，应用喇叭催促其让路。若下坡途中制动失灵，此时一定不要因为前方路况良好而抱有侥幸心理，因为车速越来越快就更加难以控制。这种情况一旦发生，应果断地将汽车擦靠路边的土坡、大树、岩石等天然障碍物，从而将事故损失降低到最低限度。

（3）车灯突然熄灭的应对

夜间行车若车灯突然熄灭，应在第一时间内打开示宽灯或驾驶座顶灯，将车驶向路边。若所有灯光均不亮，应记住车灯熄灭前观察到的路面状况，稳稳地掌握住汽车行驶方向，此时一定要切记不要乱打方向盘。待车辆停稳后，应就地取材，利用手电筒、烛光或白色衣物设置警告标志，以防来往车辆碰撞发生事故。若故障一时不能排除，又急需赶路，可借助月光（月光下路况的判断概括为：亮水白路黑泥巴）和行道树，并多按喇叭示警，在确保安全的情况下将车缓缓驶向修理点。

（4）上坡突然后溜的应对

若汽车重载上坡时动力不足，或换挡不成突然下滑，这时驾驶员应尽快使用手、脚制动器停车，因为在这种情况下，汽车越溜越快十分难以控制。若汽车后溜有危险时，此时一定要很好地控制方向，避开路上的危险目标，使车尾靠向路边的山体、岩石、大树等天然障碍物，利用天然障碍物防止发生汽车后溜的情况。

（5）汽车悬空的应对

①当汽车一边的前轮或后轮驶出路肩悬空停住，车不会出现侧翻事故时，驾驶员在这种情况下应该选择安全而又不使车辆失去平衡的地方及时离开驾驶座。之后，仔细观察险情，并根据情况及时采取相应措施。如果车辆有倾覆坠崖的危险，应用绳索系住车身拴在公路旁坚固的木桩上或自然物上。如果路肩处坡度较缓，可挖削路肩，想办法使悬空车轮落地。

②如果是汽车两轮或一轮驶出路缘，车身倾骑在路肩上时，驾驶员应从靠路面安全一侧的驾驶座或其他安全门出来。必要时，将车厢内货物由路缘外侧的一面搬到靠路中间的一侧，这样做的好处是可以增大路面上的轮胎压力，防止汽车倾覆。当车身基本稳定后，用锹刨车轮触地处的泥土，直至车身平衡能驶到路面为止。

刹车失灵巧应对

对于驾驶员行车而言，最可怕的莫过于刹车失灵。刹车是行车安全关键中的关键。那么，驾驶员行车遇到刹车突然失灵时应该怎么办？

（1）切忌惊慌。这是正确处理好交通突发情况的前提，行车中一旦发觉车辆刹车失灵，千万不要惊慌失措，否则踩到了油门或者乱打方向都只能雪上加霜。正确的方法是握好握稳方向盘，不要随意变道，密切注视周围行车的情况，尽量保持车辆的平稳运行。切忌再踩油门。

（2）立即开启危险报警闪光灯。在保持车辆平稳运行的同时，立即开启"双闪灯"，引起周围行驶车辆的注意。这非常重要，因为这样可以告诉周围的行驶车辆，你的车处于紧急状态。一般在这种情况下，周围行驶的车辆都会立即对你的行车状况保持警惕，采取避让、减速、绕行，使你在刹车失灵的情况下，更容易有效地采取紧急避险措施控制车辆。

（3）逐步减挡。在刹车失灵的情况下，要让车辆的速度很快降下来的有效办法就是按顺序快速逐步减挡，让发动机因降挡而产生阻矩力迫使发动机转速降低，从而使车辆速度降低。正确的办法是从刹车失灵时车辆所处的挡住依次往下降。装有缓冲器设备的车辆，应同时将缓冲器拨杆（手柄）拉到底。通过降挡使车辆速度降低后，应打靠边右转向灯，在安全的前提下逐步靠边。

（4）利用手刹或者路边的障碍物停车。正确使用手刹，不能拉紧不放，也不能拉的太慢。拉得太紧，容易使制动盘"抱死"很可能损坏传动机件而丧失制动能力；拉得太慢，会使制动盘磨损烧蚀而失去制动作用。适当利用路边的障碍物，避免扩大事故或者损失。通过增大阻力或者擦挂的方式让车辆最终安全停下来，最大限度地确保车上人员的安全。

（5）上坡时突发刹车失灵，应适时减入中低挡，保持足够的动力驶上坡顶停车。确需半坡停车时，应保持前进低挡位，拉紧手制动，随车人员及时用石块、垫木等物卡住车轮。如有后滑现象，车尾应朝向安全的一面，并立即开启"双闪灯"，引起周围行驶车辆的注意。

（6）下坡时突发刹车失灵，不能利用车辆自身的机构控制车速时，驾驶员应果断地利用天然障碍物，如路边的石头、树木等，给车辆造成阻力。如果一时找不到合适的地形、障碍物可以利用，紧急情况下可将车身的一侧向山边靠拢，用摩擦来增加阻力，逐渐降低车速。

（7）行车在下长坡、陡坡时不管有无情况都应该踩一下刹车。既可以检验刹车的性能，也可以在发现刹车失灵时赢得控制车速的时间，通常称为"预见性刹车"。特别值得注意的是，下长坡时，要用挡位控制车速，严禁空挡滑行，高速行驶。避免长时间使用刹车，否则，会造成刹车盘或者蹄片发热烧毁，引发刹车失灵事故。

夜间行车莫走神

黑夜是行车天然的"障碍物"，光线差、视线不好，对驾驶员是一种"严峻的考验"。以下方法可以降低夜间行车的事故率：

（1）夜间行车中如遇对向车，不要一会儿踩制动踏板，一会儿向右打方向，要切实注意右侧行人和非机动车。夜间会车应当在距相对方向来车150米以外改用近光灯，若遇对方不改用近光灯时，应立即减速并持续使用变换远、近光灯的办法来示意对方；若仍然不改变，则应减速并靠右边停车避让，切勿斗气以强光对射，以免损害双方视觉而酿成车祸。若遇对方车辆，使用高强度远光灯时，看不清前面的情况下，一定要降低车速，并开启"双闪"，让后面的车辆减速行驶，避免发生被追尾的交通事故。

（2）严格控制车速。由于夜间道路上的车流量较小，行人和非机动车的干扰也比较少，加上驾驶员的心理状态（如急于赶路等），一般比较容易高速行车，因而很可能发生交通事故。驾驶员应该充分认识到在夜间高速行车的危险性。夜间行车由亮处到暗处时，眼睛有一个适应的过程，因此必须降低车速，在驶经弯道、坡路、桥梁、窄路和不易看清的路段时更应该减速慢行并随时做好制动或者停车的准备；驶经繁华路段时，由于霓虹灯以及其他灯光的照射，对驾驶员的视线有影响，这时也需减速慢行；夜间遇上雾、雨、雪、沙尘、冰雹等恶劣天气时更需低速小心行驶。

（3）增加跟车距离。驾驶员在夜间行车时，一是视线不好，二是常遇危险、紧急情况，为此，驾驶员必须准备随时停车。在这种情况下，为避免危险，要注意适当增加跟车距离，以防止前后车相撞事故。

（4）尽量避免夜间超车，必须超车时，应事先连续变换远、近光灯告知前车，在确定前车让路允许超车后，再进行超车。

（5）夜间行车禁止疲劳驾驶。夜间行车特别是午夜以后行车最容易疲劳瞌睡。另外，夜间行车由于看不到道路两旁的参照物，对驾驶员的刺激较小，因此最易产生驾驶疲劳。

山路弯弯，行车讲究多

山路，因其特殊的地理环境，对汽车的驾驶也有其特殊的要求。以下为山路行车的注意事项。

（1）出车前。驾驶人在走山路之前，一定要有充分的思想准备。首先要对车辆进行严格的检查，特别是车辆的动力性、事关安全的重要项目，不能有一丝马虎。如是运送货物的车辆，一定要捆绑牢靠；如是未曾走过的山路，一定要做细致的了解。了解的项目主要有路途、路程、地形、地貌、险要路段、车流情况等，做到心中有数。

（2）上山前。驶入山路前，最好停车做短暂检查。让车辆和驾驶人稍做休息和调整后，再开始上山。这样会使驾驶人对车辆更加放心，精力更加充沛，进山后的操作更加专注。

（3）驶入上山路段。汽车驶入上山路段，一般弯路会越来越多，弯度会越来越急。越临近山峰，坡道越陡险。对驾驶人操作的讲究是，车速既要适当，还要保持强劲的动力。既要顾及自车，更要顾及对面驶来的下山车。每遇影响视线的弯道都要牢记三件事：靠右、减速、鸣笛。如遇下山车，随时做好避让、停车准备。遇到陡坡，不明前方路况时，最好迅速停车，步行观察后，再爬越。

（4）驶上山峰。驶上山峰，因车辆一路大动力做功，容易给车辆性能带来影响，再做短暂休整，不失为上策。发动机温度较高，制动鼓、蹄发烫，轮胎发热，都会在休息中得到恢复。同时，为下山做好充分准备。

（5）下山途中。常言道："上山容易，下山难。"因车辆下山的惯性作用，车速控制较难。一般的情况是，越靠近山峰的路段，坡度越大，弯道越急，对车速的控制也就要越谨慎。在大下坡路段，车速应以发动机牵阻控制为主，制动控制为辅，以免频繁使用制动器，使制动鼓、蹄发烫后，制动力减弱或失效。遇有弯道首先提前减速，严格禁止占用对方车道。车辆进入弯道后最好不要采取制动，更不可紧急制动，以防车辆失去平衡发生侧滑、倾翻。车辆下山速度较快，驾驶人注意力一定要放在路面上，不要向路侧的悬崖下观望，以免引起恐慌，影响正常操作。

冰雪路怎样安全行车

冬天在冰雪路面行车时是十分困难的。冬季大雪纷飞，四处白茫茫，路面的凹凸被覆盖，道路边缘被掩埋，加之雪光眩目，对路面情况的辨认是十分不利的。

那么，在这么复杂的情况下，驾驶人在冰雪路行车时应注意哪些方面的问题呢？

（1）在冰雪路面行车的关键是"慢"，这样一来，车在路上行驶的时间相对延长。为此，急躁情绪一定要摒弃。带好防寒、防冻甚至取暖的衣具。长时间在冰天雪地行驶，车难免出毛病，还要带齐随车工具。凿子、榔头和拖绳是必不可少的。因为雪地炫目，驾驶人最好戴上浅度墨镜。因为路面滑，车轮最好安装防滑链。这些准备都做好后便可上路了。

（2）雪中行车，可以根据前车留下的轮印行驶。会车时要提前减速，看不清楚路缘时，最好停下车来察看后再行车。遇到弯路要提前减速，靠右并鸣笛，以提防来车。遇到缓坡，要适当加速冲车，以防途中停车。下坡时，要提前利用低速档牵阻车速。遇到有车超越时，要根据道路情况确定让路与否，一定不要率意而为，否则会带来难以挽回的伤害。

（3）冰雪路行车，上坡路上被迫停车的情况是无法避免的。在这样的路段，重新起步往往比较困难。如低档不能起步，可以用中速档，以适应路面较低的附着要求。如果中速档仍然不能起步，且是大型车辆，可以用路侧的干沙土进行铺垫；如是小型客车，乘员最好下车，等上坡后再上车入座。

（4）冰雪路行驶的最高车速应控制在 20 千米／每小时之内。一旦有异常情况发生，最好用减档的方法控制车速。若通过减档的方法仍未实现理想的速度，可以采取间歇拉动驻车制动器的方法减速。这里所说的"间歇"，是指当拉动驻车制动器，感觉起到制动作用时，迅速放松，然后再第二次拉紧，这样反复操作。在冰雪路上，一定要慎重使用制动器。特别是在下山路段更是如此。

（5）在城市街道行驶，有时候路面冰雪来不及清理，交叉路口，经车辆转弯时轮胎来回打磨，路面光滑异常，通过时车辆容易向转弯的一侧偏转。避免这种情况的方法是，驾驶员在行车时可以挂中速档，大角度转弯，并稳踏加速踏板，随时准备用驻车制动器进行辅助制动。

怎样骑摩托车才安全

　　骑摩托车的人多在交叉路口出事，伤亡通常比汽车意外更为严重。在摩托车与其他车辆相撞的事故中，不少车主都是准确判断形势，跳车逃生，挽回一命。对车周围的任何事物都要保持警惕，其实我们的安全大多时候都取决于事故发生的前一秒。

　　那么，怎样骑摩托车才安全呢？

　　（1）驾驶摩托前一定要戴好安全头盔，系紧扣带；为防止沙尘进入眼中可戴风镜或墨镜；皮手套、靴子也最好全套齐备。

　　（2）穿颜色鲜艳的紧身衣服。夜间要用萤光腰带或背心，便于操纵和增加汽车驾驶员的注意。

　　（3）超车前，闪亮前灯让别人注意。要正确使用转向灯，及时给行人车辆以信号警示。

　　（4）不要在道路内侧超车，前面的司机可能不防有摩托车开上来而驶靠路边或拐弯。

　　（5）前面的汽车拐了弯，随后一辆车的司机看不见靠近路边要直驶的摩托车，就可能跟着拐弯，这样十分危险。

　　（6）成队行驶时，不可列成直线。左右行驶则视野更佳，制动距离也较大。

　　（7）在晴天，每里时速有一码（每公里时速有一公尺）制动距离已属安全；天气潮湿，制动距离要加倍。

　　（8）路面坚硬干燥，刹车时前制动器要比后制动器拉得紧；在坚硬潮湿的路上，前后制动器拉力应一致。

（9）拐弯时车侧向一边，或在有泥沙石屑的路上行车，不可使用前制动器。

（10）上坡前可利用车辆惯性并加大油门冲坡，若发现发动机转速下降，应迅速减挡，确保发动机不过载。下坡时，要控制所选择的挡位，以利用发动机"制动"，切勿将挡位转入空挡。弯道视野受限，必须严格执行行车路线规定，不能逆向行驶，以免与来车相撞。

（11）要用好后视镜，勤观察车后路况，当逆风行驶时，摩托车驾驶员有时会听不到后面的汽车喇叭声。

（12）要尽量减少所驮物品的体积，尤其是那些体积较大而质量较轻、易受风力影响的物品。

（13）停车后要检查灯光、电器有无异常；发动机等有无渗油或异常声音；关闭电路，锁好车；关闭油箱开关。

（14）停稳车辆，最好用中心支撑停车，减少轮胎负荷，延长轮胎寿命。

（15）远离火源，不让人靠近摩托车点火吸烟。

（16）行车中感觉摩托车有异常时，一定要停车检查。

刮风天行车十大安全"锦囊"

刮风天风沙较多，这也在一定程度上给驾驶员的安全行车带来了不便。刮风天虽然不像雨天或雾天那样对机动车的影响严重，但还是需要驾驶员小心驾驶。刮风天开车以下十条规则一定要牢记于心，做到心中有数，防患于未然。

1. 注意行人的动向

驾驶者在刮风天开车时，注意力一定要高度集中。因为在这种天气中，有些行人常常用纱巾蒙上脸，或戴上墨镜，在这种情况之下，视野往往受到一定的限制；还有的人加快脚步狂奔乱跑，这些行人往往只顾行路而不顾机动车辆。因此，驾驶者开车时必须随时提高警惕，否则就会引发交通事故。

2. 注意自行车的动向

刮大风时，有些骑自行车的人低着头只顾拼命往前骑，在过往交叉路口或在混合交通道路上行车时，驾驶者应注意这些低头骑自行车者。在这种情况下，驾驶者最好以中低速度行驶，随时准备制动停车，防备自行车偶闯机动车道。

3. 喇叭的作用不明显

受大风的影响，有些行人或其他车辆的司机对汽车喇叭的声音不敏感。所以，在遇到不稳定的目标时，不要试图狂按喇叭，因为那样起不到任何积极的作用。

4.快速闪避障碍物

在大风天开车时，如果遇到意外发生，却来不及制动或无法刹住车辆时，此时驾驶者一定要学会及时躲闪，把自己的伤害降低到最低限度。转动方向盘要由慢到快，逐步进行，且方向盘转动幅度不应大于半圈。这些闪避动作完成后，应将方向盘回正，这样汽车很快就会从左右摇摆的状态中恢复平稳。

5.摇紧车窗玻璃

大风天开车时，为了达到防止沙尘飞进驾驶室的目的，此时一定要关紧车窗，以免驾驶者的视力受到影响。

6.货车物品捆扎要牢固

如果驾驶的是货运车辆，对车上装载的物品要捆扎牢固，防止被大风吹走或散落，更要防止车上物品掉下砸伤行人。

7.停车时远离窗户

在大风天极易发生高空坠物砸车的现象，在这种情况下停车不要溜边。最好远离楼房、枯树，实在没有地方停车也要尽量远离阳台和窗户。

8. 清洁粉尘滤清器

现在，大多数车辆在空气入口处都装有粉尘滤清器净化空气。在大风天，粉尘滤清器处十分容易被大量尘土封住。当大风天过后，驾驶者应想办法去除粉尘滤清器的尘土，这样可以提高进风量，也可以使车内空气更加清新。

9.别用旧掸子擦玻璃

在现实中我们不难发现，每次风沙天气过后，车主们都会习惯性地用旧掸子擦擦前风挡玻璃、车漆表面的灰尘。事实上，这种做法是错误的。之所以这样说是因为旧掸子里夹带了大量的沙尘，车主每天用同一把旧掸子擦车，就如同用锉刀在车漆上蹭，亲手在车漆上制造细微的划痕。因此，车门玻璃和风挡玻璃也要用清洁剂擦洗，擦洗风挡玻璃时，为了更好地去除刷片内的小沙粒，应该将刷片向前扳开，用温毛巾将刷片内清洗干净。

▐ 10. 用清洁剂擦车厢

车辆车厢内在大风天气也常会沉积一层灰尘，车内配件大多是塑料或皮质材料，在清洁时一定要用专用清洁剂和干净的软布，不能内外混用。擦拭车厢内部时应用清水擦，这样可以达到防止皮面干裂，塑料配件老化的目的。

慎防车辆爆胎

车辆爆胎是件麻烦事，甚至是危险的事情。在夏季的高温酷暑下，车辆更容易发生爆胎事故。以下为车辆爆胎的主要原因：

（1）气温高导致"爆胎"。由于热胀冷缩的作用，车辆在高温的条件下行驶时使得轮胎容易发生变形，抗拉力会大大降低，再加上轮胎在行驶过程中不断地发热，而散热却相对较慢，于是气压随之增高，爆胎事故随之发生。

（2）胎压异常导致爆胎。胎压异常是指轮胎气压不足和胎压过高。胎压异常会引起轮胎局部磨损、操控性和舒适性降低、油耗增加等问题。胎压不足时，轮胎侧壁容易弯曲折断而发生爆裂。而胎压过高，则会使得轮胎的缺陷处（如损伤部位）在高速行驶过程中发生爆裂。

（3）轮胎状况不佳导致爆胎。轮胎的过度磨损、老化、开裂和外伤等也是导致爆胎的原因之一。像花纹块经过与地面长期的摩擦，导致花纹逐渐变浅，当磨损到更换标记应立即停止使用。

（4）路况不好导致爆胎。在导致爆胎的各种因素中，路况对车胎的影响也不能忽略，比如凹凸不平或者碎石比较多的路面，车辆在行驶过程中容易轧到坚硬的金属或其他硬物，在这种情况之下，爆胎事故极易发生。

（5）超速行驶导致爆胎。夏季由于气温较高，路面温度也随之上升，连续驾驶及超速驾驶常常导致爆胎现象。

发生爆胎事故常常给人们的生命财产带来极大的威胁，因此，对车辆轮胎的保养就显得尤为重要。

（1）随时检查轮胎在冷却情况下的气压，包括备胎，发现气压不足，马上查找漏气的原因。

（2）经常检查轮胎是否有损伤，比如是否有轧钉、割伤，发现损伤的轮胎应及时修补或更换。

（3）避免轮胎接触到油类和化学物品。

（4）定期对车辆进行四轮定位检查，如发现定位不良，要及时校正，否则会造成轮胎不规则磨损。

（5）不管在什么情况下，不要超过驾驶条件要求和交通规则限制的合理速度，遇到前方有石块、坑洞等障碍物时应避让或缓慢通行。

（6）爆胎情况一旦发生，保持镇静十分重要，此时不要急刹车，应紧握方向盘，保持车辆直线行驶，同时轻踩制动踏板，使车辆减速行驶，并尽快靠边停车。停稳后，可自行更换备胎后慢速行驶到修理厂。

冬季驾驶有技巧

冬季由于霜多、雾多、雨雪多、气温低，环境复杂，对行车安全十分不利。因此，驾驶员应提高对冬季安全驾驶的认识，加强冬季驾驶的知识和技能的学习，做到防冻、防滑、防事故，掌握处理冬季驾驶过程中常见问题的方法。

1. 注意防冻液的检查

车辆在日常维护过程中，有可能在防冻液中加入过普通水，如果出现这种情况，防冻液一定要注意更换。冷却液不足的要补足，否则会使发动机水温过高，导致发动机机件的损坏。更换防冻液的关键是要注意尽可能地放干净水，最大限度地排完气，不要产生"气阻"，要尽可能地加足，待发动车辆运转一会儿后观察情况，适量补足。对于车辆的防冻液要做到勤检查，勤补充。

2. 注意蓄电池保暖及充电

汽车的蓄电池多为铅酸电池，在严寒的环境里往往会因受冻而降低功效，可采取适当措施为蓄电池保暖和充电。

3. 注意检查轮胎

橡胶在冬天的低温环境里相对变硬、变脆，此时气压是否合适直接影响轮胎寿命和行车安全。气压过低，会使轮胎壁折曲度增大，加上低温很容易使胎壁橡胶发生断裂；气压过高会使轮胎抓地力降低。在冬季，要注意检查各个轮胎的充气是否均衡，如果条件允许的话也可以考虑在冬季将车辆轮胎更换为冬季轮胎。

4. 冰雪天气安装防滑链

冰雪天气，驾驶者应在出行之前安好防滑链，不要在遇到冰雪路面之后再安装，因为临时停车安装防滑链比提前安装麻烦，而且对安全也是极为不利的。一定要记住的是，在安装、拆卸前要将车辆停放在安全地带。如在繁忙的路上，交通警示标志一定要合理设置。安装防滑链后，行驶速度一般不要超过每小时 50公里。

5. 正确转向

在冰雪路面上转向时，驾驶者一定要提前降低车速，缓慢转动方向盘，匀速通过，一定要注意避免突然打冷舵，否则容易造成车体失控，影响其他车辆通行，从而导致事故。

6. 正确使用制动

在冰雪路面行车，使用制动一定要慎之又慎。在这种情况下行车可采取点制动降低速度，尽可能地避免紧急制动。可利用发动机的牵阻作用帮助减速和制动，必要时可以灵活运用手制动，防止制动造成车辆侧滑或甩尾。

7. 低温和严寒气象条件下起步

在冬季，车辆起步前，应对车辆进行预热升温，待发动机温度达到 50℃以上时再起步。之所以这样做是因为露天停放的车辆，润滑油黏度大，起步后应低速行驶一段距离，待发动机温度升高时再逐渐提高车速。起步时，应缓加油门，慢慢提速，用力过大容易造成驱动轮与路面打滑。如果中途需要停车时，在干燥、朝阳、避风的地点停放比较适宜，此时，必要的防冻措施也必不可少。

8. 选择适当行车路面

在城区路面上，一般情况下是沿着前车的车印行驶，如果路面全是冰霜，要提前选择凹处行驶，避开凸处路面，以防侧滑现象的发生。在乡村路面上，一般情况下同样是沿着前车的车印行驶，如果路边水塘、水沟较多，要选择路中间或较安全的一边行驶，提前选好适当挡位缓行，尽可能不要停车，避免重新起步。

9. 行驶中要保持足够的动力

车辆在冬季冰雪路行进中，不要挂较高挡位行驶，而是要控制好车辆动力留有余地为好，一定要尽量避免变换挡位的次数，以防发生意外。尤其是在坡道行驶中尽量不要变挡。尤为值得注意的是，上坡时应该提前加大与前车的距离，选好适当的挡位；下坡时提前根据路面情况选好较低的挡位，充分利用好发动机机械制动的作用。冬季车辆防止冰雪路打滑最好的方法是让车辆保持足够的动力。

10. 制动、转向不要过急

冬季驾驶车辆的时候，操作动作一定要注意不能过猛过大，尤其是打方向和踩刹车的动作不能过猛过大，否则其结果是加剧了车辆打滑的概率，从而带来难以挽回的损失。在这里关键是要控制好车速，保持好车距，谨慎操作，此时防止个人的车辆打滑还远远不够，同时要注意观察周围的车辆是否打滑也是极有必要的。

被暴雪困在车中怎么办

当暴风雪来临时，驾车者被困在车里时应该怎么办呢？

（1）不要离开车。被暴雪包围困在车上时，在不能看清楚目的地的情况下，不要轻易地离开车辆。很多人碰上大雪后惊慌失措，在不了解自己位置时，贸然下车求救，如果所在的位置比较偏远，人很快会迷失方向。当你返回时，就会找不到车的位置，容易发生一些不必要的伤亡。

假如被困的第二天是个晴天，在有可以辨认的路标的情况下，可以考虑下车找人寻求帮助。注意在发生暴风雪的天气里或者在晚上最好留在车里。一部车的目标比一个人的目标大得多，容易让人发现。而且待在车中还能避免直接受到风雪的侵袭，可以起到保暖的作用。

（2）在车子上做记号，尽量让人容易看到车子。可以找一些颜色鲜艳的布条、毛巾等系在天线上，也可找一根较长的木棍，在上面系上布条，插在车附近的高处，引人注意。晚上可以把车灯打开，让车内顶灯亮着，这样救援人员容易发现。

（3）保持暖气开放，开动发动机提供热量，注意开窗透气。为了节省燃料，每小时开引擎的时间不要超过 10 分钟，只要保持足够的热量即可。要适时地打开窗户，排出一氧化碳。检查排气管，及时清理那里的积雪，保持清洁。因为如果排气管被堵住，一氧化碳就会倒流到车里而导致一氧化碳中毒。

（4）利用手机等通讯设备寻求帮助。假如带有手机或者其他可以和外界取得联系的电子设备有信号时，要尽快拨打求救电话，请求救援，或者通过其他设备联系到家人、朋友，告诉他们你的具体位置，寻求帮助。

（5）活动身体保暖，等待救援。把所有的可以防寒取暖的东西裹在身上保暖，并且一定要不停地活动，可以跺脚、摇动胳膊、拍手、尽量用力地活动脚趾和手指，以保持体温。

（6）一定要定时喝水、进食，以保持体温。为防止食物很快用完，要有计划地进食、喝水，坚持等待救援。

（7）一定要保持清醒，转移注意力不要睡觉。在天气气候十分恶劣时，如果睡着了，身体内部的温度会下降很快，这样非常危险，有可能使人一觉不醒。因此可以通过唱歌、听收音机、大声喊叫来克服睡意。

（8）挖洞藏身，坚持就是胜利。当燃料耗尽后，可以甩掉一些不必要的东西，带上食物，找一个合适的地方挖洞藏身，因洞内温度比洞外高，一般可避免伤亡。

第六章

突如其来的灾难——自然灾害

TIAN DUN AN FANG

　　自然灾害是人类依赖的自然界中所发生的异常现象，自然灾害对人类社会所造成的危害往往是触目惊心的。我们可以看出自然灾害对我们的生活和生命造成了严重的威胁。因此，为了减少和避免因自然灾害造成的不必要损失和伤害，我们每个人都必须掌握一些自然灾害防范知识。

引例

2010 年 3 月 20 日的风沙天气带给中国一场巨大的沙尘暴，来自内蒙古干旱地区的沙尘蔓延数千公里抵达中国东部和南方地区。甚至扬尘天气还影响至台湾和日本。

2010 年 3 月 25 日，由于季节性融雪，美国北达科他州红河水位近日暴涨，泛滥的支流河水导致大量农田和道路被洪水淹没。3 月 30 日，美国马萨诸塞州的莱克维尔被洪水淹没。

2010 年初中国西南部大面积干旱，由贵州渐渐扩散到云南、四川、广西等地。

2010 年 4 月 14 日早晨 7 时 49 分，青海省玉树藏族自治州玉树县发生 7.1 级地震，震源深度 33 公里，属于浅源地震，震中位于县城附近。

2013 年 3 月 30 日，拉萨矿区滑坡，83 人被埋。

2003 年 7 月 22 日，甘肃定西发生 6.6 级地震，多人遇难。

2013 年 8 月 20 日，东北洪灾已致 85 人遇难。

2014 年 2 月 12 日 17 时 19 分，新疆和田地区于田县发生 7.3 级地震。

通过上述一个个数据，我们可以看出自然灾害对我们的生活和生命造成了严重的威胁。因此，为了减少和避免因自然灾害造成的不必要损失和伤害，我们每个人都必须掌握一些自然灾害防范知识。

室内室外巧防雷击

案例

　　2011 年 8 月 15 日 23 时至 24 时，山东德州 8 个加油站遭雷击，直接经济损失 65 万元，间接损失 600 万元。

　　2011 年 8 月 16 日 19 时 05 分，临沂市北城新区杏坛文化家园 19 号楼遭雷击，击坏 2 部电梯，直接经济损失 40 万元。

　　2012 年 5 月 26 日 15 时至 17 时，公主岭市秦家屯镇赵家屯村八社遭雷击，造成 1 人死亡，1 人受伤，雷击烧毁 3 间房屋，共造成直接经济损失 5 万元，间接经济损失 10 万元。

　　2012 年 6 月 17 日 20 时 45 分，长春市柳河县时家店乡项家村联合白灰场张立松（男，45 岁）在汽车车顶用苫布封车时遭雷击，当场死亡。

　　通过上述案例我们可以看出，雷击事件不但可以造成巨大的财产损失，而且严重威胁着人们的生命安全。那么，怎样预防被雷击呢？

1. 室内防雷措施

　　雷电来临时，躲到室内比较安全，但这也只是相对室外而言。在室内除了会遭受直击雷侵袭外，雷击电磁脉冲也会通过引入室内的电源线、信号线、无线天线通道进入室内。所以，在室内如果不注意采取措施，也可能遭受雷电的袭击。下面就来介绍几种室内防止雷电灾害的措施。

（1）发生雷雨时，一定要及时关闭好门窗，防止直接雷击和球形雷的入侵。同时还要尽量远离门窗、阳台和外墙壁，否则一旦雷击房屋，你可能会受接触电压和旁侧闪击的伤害，成为雷电电流的泄放通道。

（2）在室内不要靠近，更不要触摸任何金属管线，包括水管、暖气管、煤气管等。特别要提醒在雷雨天气不要洗澡，尤其是不要使用太阳能热水器洗澡。室内随意拉一些铁丝等金属线，也是非常危险的。在一些雷击灾害调查中，许多人员伤亡事件都是由于在上述情况下，受到接触电压和旁侧闪击造成的。

（3）在房间里不要使用任何家用电器，包括电视、电脑、电话、电冰箱、洗衣机、微波炉等。这些电器除了都有电源线外，电视机还会有由天线引入的馈线，电脑和电话还会有信号线。雷击电磁脉冲产生的过电压，会通过电源线、天线的馈线和信号线将设备烧毁，有的还会酿成火灾，人若接触或靠近设备也会被击伤、烧伤。最好的办法是不要使用这些电器，拔掉所有的电源线和信号线。

（4）要保持室内地面的干燥，以及各种电器和金属管线的良好接地。如果室内的地板或电气线路潮湿，就有可能会发生雷电电流漏电伤及人员。室内的金属管线接地不好，接地电阻很大，雷电电流不能很通畅地泄放到大地，就会击穿空气的间隙，向人体放电，造成人员伤亡。

2. 室外防雷措施

在雷电发生时，我们应尽量不要到室外活动，大多数雷击死亡的事故都发生在户外。所以在遇到乌云密布，狂风暴雨即将来临时，大家要尽快躲到室内。如果躲避不及，在室外遇到雷雨天气时，提醒大家可以采取以下几种防护措施。

（1）云与大地之间发生的雷电具有选择性。一般情况下，高大的物体以及物体的尖端容易遭遇雷击。所以在室外时，不要靠近铁塔、烟囱、电线杆等高大物体，更不要躲在大树下或者到孤立的棚子和小屋里避雨。这样可以减少或避免受到接触电压和旁侧闪击以及跨步电压的伤害。

（2）有些建筑物或构筑物为了防止直击雷的袭击，都安装了避雷针或避雷带等接闪器。当雷电发生时，往往这些防雷装置起到的是引雷的效果，雷电电流由接闪器通过引下线导入地下，它可以保护周围不遭直击雷的袭击。所以如果在室外万一无处躲藏，你可以躲在与避雷装置顶成 45°夹角的圆锥范围内，这是一个避雷针安全保护的区域，但不要靠近这些建筑物或构筑物。

（3）在郊外旷野里，如果你与周围物体相比，是最高点，也就是你将处于尖端的位置，最容易遭到雷击。所以，当野外发生雷电交加现象时，不要站在高处，也不要在开阔地带骑车和骑马奔跑，更不要撑着雨伞，拿着铁锹和锄头，或任何金属杆等物以免遭到直接雷击的袭击。要找一块地势低的地方，站在干燥的、最好是有绝缘功能的物体上，蹲下且两脚并拢，使两腿之间不会产生电位差。

（4）为了防止接触电压的影响，在室外你千万不要接触任何金属的东西，像电线、钢管、铁轨等导电的物体。身上最好也不要带金属物件，因为这也会感应到雷电，灼伤人的皮肤。

（5）当你在野外高山活动时，遇到雷雨天气是非常危险的。在大岩石、悬崖下和山洞口躲避，会遭到雷电流产生的电火花的袭击。最好是躲在山洞的里面，并且尽量躲到山洞深处，两脚并拢，身体远离洞壁，并把身上带金属的物件，如手表、戒指、耳环、项链等物品摘下来，放在一边，金属工具也要离开身体。

（6）在雷雨天气时，千万不要到江河湖溏等水面附近去活动。因为水体的导电性能好，人在水中和水边被雷电击死、击伤事故发生的概率特别高。所以在雷电发生时，要尽快上岸躲避，并且要远离水面。

（7）雷电交加时，如果你正在行驶的汽车内，要将车的门窗关闭，躲在里面，以确保人身安全。因为金属的汽车外壳是一个非常好的屏蔽。若一旦有雷击，金属的外壳就会很容易地把雷电电流导入大地。

（8）不宜使用移动电话等户外通讯工具。

（9）在雷雨中也不要几个人挨在一起或牵着手跑，相互之间要保持一定的距离，这也是避免在遭受直接雷击后，传导给他人的重要措施。

身体被雷击着火怎么办

　　人身上的衣服着火后，常出现这样一些情形：有的人皮肤被火灼痛，于是惊慌失措，撒腿便跑，谁知越跑火烧得越大；有的人发现自己身上着了火，吓得大喊大叫，胡乱扑打，反而使火越扑越旺。上述情形说明，人身上衣服着火后，既不能奔跑，也不能扑打，是因为人一跑或者扑打反而加快了空气对流而促进燃烧，火势会更加猛烈。跑，不但不能灭火，反而将火种带到别的地方，有可能扩大火势，这是很危险的。正确、有效的处理方法如下：

　　当人身上穿着几件衣服时，火一下是烧不到皮肤的，此时，应将着火的外衣迅速脱下来。有钮扣的衣服可用双手抓住左右衣襟猛力撕扯将衣服脱下，不能像往日那样一个一个地解钮扣，因为时间来不及。如果穿的是拉链衫，则要迅速拉开拉锁将衣服脱下。然后立即用脚踩灭衣服上的火苗。

　　人身上如果穿的是单衣，着火后就有可能被烧伤。如果发现及时，且脱掉衣服很容易，就应该立即脱掉着火的衣服。如果身上的衣物不方便立即脱掉，当胸前衣服着火时，应迅速趴在地上；背后衣服着火时，应躺在地上；前后衣服都着火时，则应在地上来回滚动，利用身体隔绝空气，覆盖火焰，压灭火苗。但在地上滚动的速度不能因为怕烧伤而过快，否则火也不容易压灭。

　　如果近处有河流、池塘，可迅速跳入浅水中。但若人体已被烧伤，而且创面皮肤上已烧破时，则不宜跳入水中。

　　切忌用灭火器直接向着火人身上喷射，因为这样做既容易造成伤者窒息，又容易因灭火器的药剂而引起烧伤的创口产生感染。

如果有两个以上的人在场，未着火的人需要镇定、沉着，立即用随手可以拿到的被褥、衣服、扫把等朝着火人身上的火点覆盖，或帮他撕下衣服，或用湿麻袋、毛毯把着火人包裹起来。

地震被埋在废墟中如何求救

地震后，如果被埋在废墟里，首先应积极自救。自救不行时，应努力向外界求救。有效的求救方式能够大大增加自己被救出的成功机会。因此，被埋压者要根据自身的情况和周围的环境条件，发出不同的求救信号。一般情况下，重复三次的行动都象征寻求援助。

向外界求救主要有声响求救和利用反光镜求救。

遇到危难时，除了喊叫求救外，还可以吹哨子、击打脸盆、木棍敲打物品、斧头击打门窗或敲打其他能发声的金属器皿，甚至打碎玻璃等物品向周围发出求救信号。当听到废墟外面有声音时，要不间断地敲击身边能发出声音的物品，如金属管道等，向外界求援。

遇到危难时，利用回光反射信号是很有效的办法。常见工具有手电筒以及可利用的能反光的物品如镜子、罐头皮、玻璃片、眼镜、回光仪等。每分钟闪照6次，停顿1分钟后，再重复进行。

确切地说，这些求救方法的核心首先是，遇难者身处险境时，在听不到救援人员到来的情况下，不要胡乱挣扎，空耗自己的体力，而是要极力保持镇定，等待救援人员的到来。

其次，在听到救援人员的声音后，如果自己的声音足以让救援人员听到，就可以大声呼救；如果自己被深埋在废墟下，喊出去的声音不足以让人听到，就要靠振动力来暴露自己。钢管的声音最脆亮，墙壁的声音震动力最强，所以，这样的方法最有效。

再次，在既没有钢管、又没有墙壁可敲的情况下，应该怎么办呢？这就需要遇难者细心观察，四周有没有气孔，如果有，就可以摸到一些细长的小木棍或者小树枝，伸到气孔外面去摇动，吸引救援人员的目光，让他们及时发现这里还有生命存在。

总之，求救的方法还有很多，关键是在遭遇灾难时，要保持高度冷静，细心观察什么东西可以拿来暴露自己。但需谨记的一点是，靠器物来暴露自己的方法，最好在白天使用，因为黑夜一般是不容易被人发现的；而靠声音来暴露自己的方法，最好在黑夜使用，因为黑夜比较安静，声音传出更清晰。

地震中受伤后怎么办

地震发生后，无论是被埋压的人，还是设法脱险的人，身体上都可能或多或少地有伤。在专业的医疗救援队伍不能马上赶到的情况下，受伤者以及其亲朋好友争取一些自救措施，对于地震受伤者来说非常重要。另外，震后对身体伤害的及时自救，在另一个意义上看也是进行专业医疗救助的准备和前提。针对地震中可能出现的各种伤害，有针对性地采取一些自救措施，并避免不当的处置，是非常重要的。

1. 不要堵塞头部外伤出现的耳漏鼻漏

地震对人体的伤害主要有建筑物坍塌引起人体机械性外力伤害、掩息性损伤、震后水电火气等引起的次生伤害三个方面。震中由于打、砸、弹击、撞、撕拉、震动、挤压、碰跌等方式很容易引起颅脑损伤，颅骨骨折经耳朵和鼻子流出脑脊液，此时不少人习惯性的做法是仰起头或堵住耳朵或鼻子。殊不知，这样做很容易导致颅内压升高，加重颅内损伤，并且回流液体也容易导致严重的颅内感染。

2. 锐物刺入胸部时不要拔出

地震中，建筑物坍塌很容易导致锐利的器物刺入人体胸部，此时，很多伤者习惯性的动作是顺手将锐器拔出。要注意，这是非常错误的做法。原因有两点：首先，在没有救护措施时突然拔出器物很容易造成血管破裂，大量出血，危及生命。其次，空气在拔出锐器的瞬间很容易进入负压胸膜腔，造成气胸，引发纵膈摆动，挤压心脏而停跳。正确的做法是先用手稳固住插入物，也可简单用布条（紧急情况时可用衣服等代替）轻轻束缚住锐器刺入部位，避免剧烈活动，等待或寻求救援。

3. 肠子外露不要往回塞

肚皮是人体上很薄很脆弱的部位，一旦在震中受伤，很容易造成肚皮被刺破使肠子脱出。遇到这种情况，大家的下意识动作是用手托住脱出的肠子往肚腔里塞，这也是十分错误的做法。原因有三点：一是脱出肠子很容易被感染，在没有医疗条件的情况下，自己往回塞很容易导致严重的腹腔感染；二是盲目地回塞肠子时，容易使肠子扭塞，导致机械性肠梗阻；三是脱落出的肠子很可能已经被刺破，回塞容易导致一些粪便等脏物透过肠壁溢出，导致严重腹膜炎。

4. 不要用泥土糊皮肤破损出血处

民间有种说法，对于皮肤破损出血的情况拿泥土糊上去可消炎止血，这其实是错误的做法。泥土中含有一种厌氧菌——破伤风杆菌，用这种方法不仅起不到消毒止血的功效，还很容易导致破伤风，重者致命。

5. 身体被砸后不要"轻举妄动"

震中倘若遇到被砸的情况，首先要考虑骨折的可能性。那么在自救的过程中，要避免被砸部位的活动，防止骨折断端受到二次伤害，避免加重血管和神经的严重损伤。可因地制宜，找两个小木棍之类的东西越过关节夹住骨折部位，再用绳或布条缠绕，以远端指趾不麻木为宜，就会起到良好的固定作用。

如何应对洪水来袭

如果在山区旅游的时候遇到暴雨，山洪暴发的可能性很大，也很快，少则十几分钟，多则半小时，就会出现漫天洪水。没有应对灾害常识的城里人总是在大雨过后，还滞留山区游玩，在河水、溪流中游泳，旅游车仍在危险地段行进，这是非常危险的。在山区旅游时，如果遇到暴雨，一定要提高警惕，马上寻找较高处避灾，注意观察，是否出现灾害前兆，并及时和外界取得联系，争取求得最佳救援。

具体而言，到山区旅游应注意以下几点：

（1）提前预防

有山区旅游计划时，要先了解旅游目的地及经过路段是否属于山洪或泥石流多发区，要尽量避开这些可能存在危险的地区。山洪和泥石流等自然灾害的发生通常有一定季节特征，在多发季节内避免到这些地区旅游。在陌生的山区旅行，可以找个当地的向导，向导的经验可以帮你避开一些地质不稳定地区或灾害多发地区。要注意天气预报，凡有暴雨或山洪暴发的可能情况下，就要改变旅游计划，不可贸然出行。

（2）应急对策

在山间行走时候遇到洪水暴涨时，不要惊慌，不要掉头就跑，要先找高处躲避，并尽量从高处地方找路返回。山洪暴发，都有行洪道，不要顺行洪道方向逃生，要向行洪道两侧避开。洪水的暴发通常都携带夹裹着大量的泥沙和断裂的树木及岩石的残渣碎块，这些都是能致人于死地的。根据重力原因，洪水通常由高处向低洼地带急速流动，所以，一定要避开行洪道的方向，尤其是山脚下，否则会被冲下来的洪水淹没。

在不幸遭遇洪水时，盲目涉水过溪是非常危险的。如果不得不过，尽可能用最安全的方法，如先找寻河床上是否有坚固的桥梁，有桥的话，一定要从桥上通过。如果河上没有桥，又非涉水过河不可，就沿山涧行走寻找河岸较直、水流不急的河段试行过河。千万不要以为最狭窄的地方直径距离最短最好通过。要找河面宽广的地方，因为溪面宽的地方一般都是水较浅的地方，较少遇到急流，相对安全得多。如果会游泳，可以游泳过河，但是要向斜上方向游。估计体力不能游过河岸时，可试行涉水过河。通常先由游泳技术好的人在腰上系上安全绳，另一头紧紧系在岸边粗壮的大树或固定的岩石上，并请同伴抓住，下水试探河水深度，河床是否结实。试探安全时，游到对岸，将绳子系牢在树上或其他坚固物体上，其他人就可以依靠绳子过河。

如果你正在瀑布或岩石上，也不要紧张，在涉水之前，要先观察选择一个最好的着陆点，用木棍或竹竿先试探一下是否坚固平整，起步之前还要扶稳木棍，防止水滑跌倒，尤其要注意的是，一定不要顺应水流方向行进，必须选择逆水流方向前进。

临时找不到绳子的时候，就近找一些竹棍、木棒，可以用来试探水深以及河床情况，并且可以帮助平衡。行进时一定要注意前脚站稳了，再迈另一只脚，步幅不要太大。人数较多时候，可以三两个人互相搀扶着一起过河。

如果山洪暴发，河水猛涨，已经不能前进或返回，被困在山中时，尽量选择山内高处的平坦地方或高处的山洞，尽量避开行洪道的地方求救或休息。食物、火种以及必需用品一定要随身携带并保管好，有计划地节约取用，饮水的清洁也要注意，不要喝被污染的水和不干净的水（最好烧开或用漂白粉消毒）。

如何预防泥石流

　　2010年8月7日22时许，甘南藏族自治州舟曲县突降强降雨，县城北面的罗家峪、三眼峪泥石流下泄，由北向南冲向县城，造成沿河房屋被冲毁，泥石流阻断白龙江、形成堰塞湖。在此次特大泥石流灾害中遇难1434人，失踪331人，累计门诊人数2062人。

　　从上面的案例我们可以看出，泥石流灾害对人们的危害是十分巨大的。因此，在发生泥石流的时候，一定要遵循泥石流的规律采取预防措施，切忌随意和莽撞行动。掌握科学的应对方法很有必要。泥石流与崩塌、滑坡不同的地方在于它具有流动性。泥石流除了可以流动以外，它还具有浮托能力和搬运能力，这是流水所不能比拟的。有一篇报道说，某地在发生泥石流的时候竟然将一个人搬运了1公里多，最后那个人安然无恙。由此可见，泥石流的确有很强的浮托能力。泥石流的威力既然如此强大，那么应该采取哪些预防措施呢？

1. 改善生态环境

　　泥石流的发生多数是因为生态环境受到破坏引起的。一般生态环境好的区域，泥石流发生的频度较低、影响范围也较小；生态环境差的区域，泥石流发生频度高、危害范围大。

可以通过改善生态环境的方法预防泥石流的发生。

首先应该提高小流域植被覆盖率，在村庄附近营造一定规模的防护林。这样既可以抑制泥石流形成、降低泥石流发生频率，也多了一道保护生命财产安全的屏障。

2. 房屋不要建在沟口、沟道上

受自然条件限制，很多村庄建在山麓扇形地上。为了减少泥石流灾害带来的的损害，房屋不要建在沟口、沟道上。

山麓扇形地是历史泥石流活动的见证，从长远的观点看，山区的绝大多数沟谷今后都有可能会发生泥石流。

因此，在村庄规划建设过程中，房屋不能占据泄水沟道，也不应该离沟岸过近。

如果之前房屋建在沟口沟道上，应将其迁移到安全地带。在沟道两侧修筑防护堤和营造防护林，可以避免或减轻因泥石流溢出沟槽而对两岸居民造成的伤害。

3. 不能把冲沟当做垃圾排放场

为了方便，许多人都把冲沟当做垃圾场用，但是却忽略了一点，即冲沟中随意弃土、弃渣、堆放垃圾，将给泥石流的发生提供大量的固体物质来源、促进泥石流的活动。

当弃土、弃渣达到一定的数量时，可能在沟谷中形成堆积坝，堆积坝溃决时必然会发生泥石流。

对于这种现象要采取一定的措施治理，在雨季到来之前，最好能主动清除沟道中的障碍物，保证沟道有良好的泄洪能力。

4. 加强防灾意识

不要在沟谷中长时间停留，当听到上游传来异常声响时，应该迅速向两岸上坡方向逃离。尤其是在雨季穿越沟谷时，先要仔细观察，确认安全后再快速通过。

　　山区降雨普遍具有局部性特点，沟谷下游是晴天，沟谷的上游不一定也是晴天，其山区气候变化无常。

　　因此，即使在雨季的晴天，同样也要提防泥石流灾害。

　　当地气象部门的天气预报，可以为防范泥石流灾害提供重要信息，大家都应养成在泥石流多发季节每天收听天气预报的习惯。

如何应对海啸

海啸是一种具有强大破坏力的海浪。它主要分为四种类型，即由海底地震引起的地震海啸、火山爆发引起的火山海啸、海底滑坡引起的滑坡海啸和大气压引起的海啸。海啸波长很大，可以传播几千公里而能量损失很小。由于以上原因，如果海啸到达岸边，"水墙"就会冲上陆地，对人类生命和财产造成严重威胁。

那么，当我们在海边遇到海啸时该怎么办呢？

第一，如果你碰到下面几种情景出现，那么此时要做的第一件事就是赶快离开海岸，到较安全的高地避难。

（1）地面上下颠簸、抖动，显示发生地震。

（2）从海面传来轰隆隆的巨大声音。

（3）海湾里的船只突然间极为不稳，随海浪上下颠簸不停。

（4）收到海啸警报。没有感觉到震动也要立即离开，在没有解除海啸警报之前，切勿靠近海岸。

第二，如果正在海滩上玩得尽兴，突然海水急速退潮，那么，应该马上离开海岸，向高处跑。

请千万记住，如果海水以很快的速度大量退去，那就说明海啸马上就来啦！据说，在泰国一次特大的海啸中，一个渔村的181名村民却全部生还。原来，他们的祖辈留下了一条古训："如果海水退去的时候速度很快，那么海水再次出现时的速度和流量会和退去时完全一样。"正是这条古训，让他们迅速向山顶出发，保住了生命。

第三，如果突然发现海滩上汩汩地泛起许多白泡，那么一定记住，这是海啸前兆，一定要逃离。

要知道，从海水上涨到海啸降临，有 10 分钟左右的间隔，一定要利用这段时间紧急逃离。一个真实的故事是，一名 10 岁的英国小女孩缇丽仅凭自己在课堂上学到的知识，在大海啸中救了几百人的生命。起初，在场的成年人对小女孩的预见都是半信半疑，但在小女孩的一再请求下，大家在几分钟内全部撤离沙滩。当这几百名游客刚跑到安全地带时，身后就传来了巨大的海浪声。"噢，上帝，海啸，海啸真的来了！"当天，这个海滩是普吉岛海岸线上唯一没有死伤的地点。

第四，如果正在海边玩耍，突然发现海浪有些异常，那么，你应该知道，这也是海啸前兆之一。

在海啸来临之前，海面会变得亮白起来，很快就会形成一道明亮的水墙。海啸的排浪与通常的涨潮不同，海啸的排浪非常整齐，浪头很高，像一面墙一样。由于海啸能量的传播要作用于水，所以一个波与另一个波之间有一个距离，而这个距离，就为那些有知识的人留下了逃生的时间。所以，不管是看到异常还是海浪将至，一定要尽力逃离！

火山爆发时如何逃生

案例

暑假期间，张平和家人去美国旅行。他们乘坐的轮船航行在平静的太平洋洋面上，巨轮经过一夜的航行，张平也和家人在船舱里闷了一宿。第二天一早，张平就迫不及待地爬出船舱，跳到甲板上去欣赏美丽的大海的景色。这时候轮船驶到了一个太平洋中的不知名的小岛旁边。张平刚刚来到甲板上，还没有看一眼海景，就听见不知从何处传来震耳欲聋的爆炸声，船舱里的旅客也被这爆炸声吸引，纷纷跑出房间，想看个究竟。此时爆炸一声比一声大，紧接着，一条巨大的火龙从对面小岛上冲天而起，笔直地喷向晴朗的天空。一瞬间，无数的石雨、大量的熔岩和黑烟喷向几百米的高空，太阳一下子消失了，天空被烟尘所遮蔽，人们一下子被黑暗所包围。紧接着，数以千计巨大的石块砸向轮船。一股炽热的气浪，夹杂着毒气扑面而来，一时还没反应过来的旅客们眼瞅着一个一个倒在甲板上。张平见状，一蹲身迅速地钻进了离他仅两米远的甲板上的全钢制的小桌子下面，同时张平也不管冷不冷了，马上脱下上衣，把嘴和鼻子堵住。等这一波石雨过去之后，张平爬出桌子，以最快的速度冲进船舱，找到他的爸爸、妈妈。他们还惊魂未定，就听船上的广播响了，"轮船遭遇到了火山爆发，即将沉没，请乘客们穿上救生衣，在工作人员的引导下……"广播中断了。张平一家三口打开他们的房门，又随着人流上了甲板，此时石雨已经没有了，但是空中还是弥漫着厚厚的浓烟，张平比划着让父母也像他一样用衣服掩住口鼻，在工作人员的带领下，通过舷梯下到小船上。他们刚上到小船上没有半分钟，轮船就沉没了。张平一家和小船上的其他乘客拼命地划桨想冲出烟雾，但是直到他们筋疲力尽也没有成功，他们只能在茫茫的太平洋上随波漂流，大概过了四五个小时，在他们就要绝望的时候，一艘经过的商船把他们救了。

在生活中，不论是休眠火山还是活火山，都有可能随时喷发。火山喷发是巨大的灾祸，非人力所能挽回。但是，在这样的巨大灾难面前，人们还是能够采取一些必要的措施，把损失降到最低的。张平一家所乘坐的轮船遭遇到了火山爆发，张平钻进甲板上的全钢制的小桌子下面躲避，同时脱下上衣，掩住嘴和鼻子，等一波石雨过去之后，爬出桌子，以最快的速度冲进船舱，这一系列做法就为他能够成功逃生创造了机会。以下是遭遇火山爆发的逃生方法：

（1）如果身处火山区，一旦察觉到火山喷发的先兆，应该立刻离开。火山一旦喷发，人群慌乱，交通中断，到时离开就困难多了。驾车逃离时要记住，火山灰可使路面打滑。不要走峡谷路线，它可能会变成火山岩浆经过的道路。如果火山喷发，更要马上离开，使用任何可用的交通工具。火山灰越积越厚，车轮陷住就无法行驶，这时就要放弃汽车，迅速向大路奔跑，离开灾区。

（2）逃离时穿上厚衣服，保护身体，更要注意保护头部，以免遭飞坠的石块击伤。最好戴上硬帽或头盔，如建筑工人使用的坚硬的头盔、摩托车手头盔或骑马者头盔都可以，即使把塞了报纸的帽子戴在头上，也有保护作用。戴上护目镜、通气管面罩或滑雪镜能保护眼睛，但不是太阳镜。用一块湿布护住嘴和鼻子，如果可能，用工业防毒面具是最好的。到庇护所后，脱去衣服，彻底洗净暴露在外的皮肤，用干净水冲洗眼睛。

（3）因火山爆发而形成的气体和灰球体可以以超过每小时160千米的速度滚下山。如果附近没有坚实的地下建筑物，唯一的存活机会就是跳入水中，屏住呼吸半分钟左右，球状物就会滚过去。

（4）如火山在一次喷发后平静下来，仍须赶紧逃离灾区，因为火山可能再度喷发，威力会更猛。

如何应对沙尘暴袭击

一般情况下，对于尘埃来说，一个人的鼻腔以及肺等器官具有一定的过滤作用，但是由于沙尘暴这样恶劣的天气带来了过多过密的细微粉尘，人的鼻腔以及肺等器官的过滤作用就微乎其微。沙尘暴对人体的危害是非常大的，而那些患有呼吸系统疾病的人群病情会加重或旧病复发。以下为一些防范沙尘暴袭击的方法：

1. 在家中如何防范沙尘暴

（1）将门窗关好，接着再用胶带封好门窗的缝隙；从外面回到家里以后，先把身上的灰尘抖落掉，并及时擦拭落下的灰尘。

（2）尽可能待在家里，不要外出。

（3）当房间里的能见度低的时候，一定要及时照明，防止发生碰撞。

（4）准备好风镜、口罩等防尘物品，以备不时之需。

2. 外出时如何防范沙尘暴

（1）在准备外出时，戴好防护口罩及眼镜，或在面部罩上纱巾，再系好袖口和衣领。

（2）在马路上行走时一定要认真观察交通情况。在能见度低的时候，骑车人一定要下车推行。

（3）远离危墙、危房、高大树木、广告牌匾及护栏，尽可能远离各类施工工地。

需要注意的是，避免发生由于能见度低而造成的各种事故。另外，选择眼镜时不宜选择深色的墨镜。

3. 在农村如何防范沙尘暴

在我国，沙尘暴较为严重的当属北方农村地区，所以这个地区的人们一定要注意防范。

（1）将水源保护好，如果使用的是泉水、水井等地下水，一定要加防护盖。将家中门窗关闭，并将门窗缝隙精密地封堵起来。

（2）对于动物棚圈和蔬菜大棚要加固好，保护好灌渠。

（3）尽可能将羊、牛等动物集中到一起，且要采取严密的防护措施。

4. 在野外如何防范沙尘暴

（1）趴在相对高坡的背风处，或尽快就近蹲在背风沙的矮墙处，并用手将牢固的物体抓住。

（2）将自己的头部用衣服蒙起来，平神屏气，以免将过多的沙尘吸入到肺部中，危害自己的身体健康。

（3）不宜贸然行走，在沙尘暴的天气中行走极易迷路；也不宜在沟渠中行走，防止被大风吹落到水中。

需要注意的是，一定不能把躲避的地方选择在低洼的地方，因为一场沙尘暴也许会堆积成数尺的沙尘。